Andrea Erkert

Das Zahlenspiele-Buch

Spiele und Lieder rund um die ersten Zahlen, Formen, Größen, Gewichte, Mengen, Uhr- und Jahreszeiten

Illustrationen von Kasia Sander

Ökotopia Verlag, Münster

Impressum

Autorin Andrea Erkert
Illustrationen Kasia Sander
Satz Hain-Team, Bad Zwischenahn
Notensatz Ja.Ro-Music, Taunusstein
ISBN 978-3-86702-054-1

1 2 3 4 5 6 7 8 9 · 14 13 12 11 10 09 08

Alle Lieder aus dem vorliegenden Buch sind auf der CD von Stephen Janetzko zu hören:

Zahlenspiel-Lieder
Schwungvolle Zähl- und Rechenlieder
zur mathematischen Frühföderung
für Kinder von 4–8 Jahren

ISBN 978-3-86702-055-8

Inhalt

Einleitung

Wie viele Freunde darf ich zum Geburtstag einladen? Bin ich größer als du? Wie teilen wir die Buntstifte auf dem Tisch gerecht auf und wie viele Tage dauert es noch, bis der Osterhase kommt?

Dies sind Beispiele aus alltäglichen Situationen, die zeigen, **wie sich bereits Kindergartenkinder täglich mit mathematischen Inhalten befassen.** Die Art und Weise, in der Kinder für mathematische Inhalte sensibilisiert werden, prägt ganz entscheidend die spätere Einstellung der Mathematik gegenüber. Zudem baut das schulische Lernen auf den Vorkenntnissen der Kinder auf, die nicht so einfach nachgeholt werden können. Aus diesem Grund brauchen Kinder eine mathematische Früherziehung, die spielerisch erfolgt, die Netzwerkbildung im Gehirn fördert und die Basis für weiteres schulisches Lernen bildet. Das gelingt jedoch nur, wenn wir eine mathematische Früherziehung als etwas Positives begreifen und nicht mit einer Verschulung des Kindergartens gleichsetzen oder gar mit „trockenen" Sachaufgaben verbinden, die es auf dem Papier zu lösen gilt.

Das vorliegende Buch möchte dazu einen Beitrag leisten und zeigen, **wie Mathematik mit viel Spaß und vor allem ohne Aufwand im pädagogischen Alltag integriert werden kann.**

Die Spiele und Lieder sind auf die mathematischen Vorerfahrungen der Kinder abgestimmt, sodass ihr Wissen vertieft, gefestigt und erweitert wird. Dabei wird besonders viel Wert auf das selbstständige Lernen und Handeln gelegt, indem die Spielleitung den Kindern Raum lässt, eigene Lösungswege zu finden oder gemeinsam mit anderen Kindern danach zu suchen, um so auch andere an ihrer mathematischen Denkweise teilhaben zu lassen. Fehler, die dabei gemacht werden können, sollen helfen, den Lösungsweg zu überdenken und zum Ideenaustausch anregen.

Alle Aktionen eignen sich **für Kinder im Alter von 4 bis 8 Jahren** und sind je nach Schwerpunkt einzelnen Kapitelthemen zugeordnet:

Im ersten Kapitel beschäftigen sich die Kinder ganz bewusst mit dem **Zahlenraum von eins bis zwölf**, lernen Zahlen und Mengen miteinander zu verknüpfen und das Weiterzählen zu üben.

Das zweite Kapitel widmet sich den einfachen **geometrischen Grundformen,** deren Eigenschaften die Kinder spielerisch wahrnehmen und unterscheiden lernen.

Im dritten Kapitel dreht sich alles um das **Wiegen, Messen, Schätzen und Vergleichen.** Die Kinder lernen z. B. verschiedene Gegenstände aufgrund ihres Gewichts oder ihrer Länge einzuschätzen und diese mithilfe von Messwerkzeugen wie Waage, Zollstock und Lineal miteinander zu vergleichen und voneinander zu unterscheiden. In diesem Zusammenhang lernen sie Begriffe wie Kilogramm, Gramm, Meter und Zentimeter kennen.

Das vierte Kapitel beschäftigt sich mit dem Thema **Zeit:** mit den vier Jahreszeiten, den

zwölf Monaten, der Uhrzeit und dem eigenen Lebensalter.
Dass **Musik und Zahlen** durchaus zusammengehören, wird im fünften Kapitel gezeigt. Hier üben die Kinder u. a. einzelne Töne oder Tanzschritte zu zählen, einen Dreiviertel- von einem Viervierteltakt zu unterscheiden oder die Anzahl gehörter Instrumente zu bestimmen.
Im sechsten Kapitel geht es um das Thema **Geld**: um unterschiedliche Münzen und Geldscheine, deren Wert und andere Landeswährungen.

Das siebte Kapitel befasst sich mit den ersten Grundrechenarten **Addition und Subtraktion.** Spielerisch lernen die Vorschul- und Schulkinder einfache Plus- und Minusaufgaben im praktischen Tun mit Bewegung, Spiel und Spaß Schritt für Schritt zu lösen.

Nun wünsche ich allen ErzieherInnen und LehrerInnen zahlreiche Lernerfahrungen und besonders viel Freude mit den vielseitigen Spielideen und Liedern!

Ihre

Andrea Erkert

Eins, zwei, drei, ganz viele

Der Zahlenraum von eins bis zwölf

Zahlen sind nahezu überall zu entdecken: auf Preisschildern, im Fahrstuhl, auf Kalenderblättern, auf der Uhr, auf dem Metermaß usw. Kinder sind interessiert und haben große Freude daran, sich auf die Suche nach den Zahlen sowohl drinnen als auch draußen zu machen. Miteinander überlegen sie, welche Zahlen es gibt, wozu sie gebraucht werden und wie sie der Reihe nach heißen. Ältere Kinder können zudem bereits den Vorgänger und den Nachfolger einer Zahl bestimmen.

Zahlen bekommen jedoch erst dann einen Sinn, wenn sie mit einer bestimmten Menge verbunden werden. Deshalb ist es wichtig, dass Kinder nicht nur Zahlen der Reihe nach auswendig lernen und sie aufsagen und schreiben können. Vielmehr sollen die Kinder Zahlen und Mengen (be-)greifen lernen, indem sie von Anfang an erfahren, dass z. B. zwei Ameisen und zwei Dinos – trotz Größenunterschied – die gleiche Menge bilden. Damit das gelingt, sollten Kinder von klein auf viele unterschiedliche Dinge zählen und vor dem Schuleintritt mind. die Menge Vier erfassen können, ohne mit den Fingern abzählen zu müssen. So lernen die Kinder auch zwei unterschiedliche Mengen wie zwei große Äpfel und drei kleine Äpfel oder vier große Äpfel und zwei große Birnen miteinander zu vergleichen und dabei die Begriffe „viel“ und „wenig“ richtig anzuwenden und im Gedächtnis zu speichern.

Kleiner Zahlenkanon

Nr. 11

Ein einfacher Kanon mit den Zahlen von eins bis zehn bis zu drei Stimmen.

1. Einsatz: Eins und zwei, drei und vier,
2. Einsatz: Fünf und sechs, sieben, acht,
3. Einsatz: Neun und zehn: ach, wie schön!

Alter: ab 5 Jahren

Die Kinder sitzen im Stuhlkreis und üben miteinander das Lied. Anschließend bilden sie zwei bis drei gleich große Gruppen, die jeweils nebeneinandersitzen. Zwischen den einzelnen Gruppen lassen sie einen Abstand, sodass eine Kreislücke entsteht.
Jeweils ein Erwachsener setzt sich direkt vor eine Gruppe, um diese gesanglich zu unterstützen. Die Kinder ballen beide Hände zu Fäusten. Nacheinander strecken sie passend zum Liedtext ihre Finger aus.
Die erste Gruppe startet mit der ersten Zeile und den ersten vier Fingern. Beginnt sie mit der zweiten Zeile, kommt die zweite Gruppe mit der ersten Zeile hinzu und bei der nächsten Zeile die dritte Gruppe. So singen sie den Kanon mehrfach durch.

Die Spielleitung gibt deutliche Handzeichen, um den Kanon zu beenden. Dazu singt jede Gruppe ihre aktuelle Zeile zu Ende und bleibt auf dem letzten Ton stehen.

Variante für jüngere Kinder

Die Kinder bilden einen Stuhlkreis und singen miteinander das Lied. Bei jeder Zahl steht ein Kind auf, bis zehn Kinder in einer Reihe stehen und das Lied beendet ist.
Danach setzen sich die zehn Kinder wieder auf ihre Stühle. Ausgehend von einem neuen Kind wiederholen sie das Lied und ihr Spiel. Erst wenn alle Kinder wenigstens einmal aufstehen konnten, ist das Spiel beendet.

Ach, wie schön!

Alter: ab 4 Jahren
Material: „Kleiner Zahlenkanon" (➔ S. 7)

Bis auf ein Kind bilden alle einen großzügigen Stuhlkreis. Das Kind stellt sich in die Mitte und alle anderen singen das Lied. Zu jeder Zahl deutet das Kind in der Mitte nacheinander auf die Kinder im Stuhlkreis. Das zehnte Kind singt oder spricht allein laut die Worte: *„Ach, wie schön!"*
Sobald der Satz verklungen ist, tauschen alle Kinder so schnell wie möglich miteinander ihre Plätze. Dabei versucht auch das Kind aus der Kreismitte einen freien Platz zu ergattern. Wer am Ende übrig bleibt, beginnt das Spiel erneut in der Mitte.

Zahlen kneten

Alter: ab 4 Jahren
Material: DIN-A4-Papier, Filzstift, selbst härtende Modelliermasse

Vorbereitung
Die Spielleitung schreibt die Zahlen von null bis neun jeweils groß mit Filzstift auf ein DIN-A4-Blatt und hängt sie für die Kinder gut sichtbar an einer Wand auf. Bei der Schreibweise orientiert sie sich an der Vorlage auf S. 10.

Spielablauf
Die Kinder erhalten von der Spielleitung Modelliermasse und kneten zunächst die Zahl Eins. Zusätzlich formen sie z. B. eine Sonne oder einen Mond, um die Zahl mit einer bestimmten Menge zu verknüpfen.
Die Kinder kneten alle Zahlen bis zur Neun und ergänzen jede Zahl mit einem gekneteten Gegenstand in der entsprechenden Menge. Die Spielleitung gibt Anregungen: z. B. zwei Stifte, vier Quadrate, neun Kegel ...
Am Ende kneten alle Kinder die Zahl Null. Diese Zahl können sie für sich stehen lassen oder in Kombination mit der Eins zur Zehn ergänzen.
Die Spielleitung knetet parallel ebenfalls einen Muster-Zahlensatz und orientiert sich so genau wie möglich an der vorgegebenen Schreibweise.
Die Kinder nehmen ihre Knetzahlen mit nach Hause oder behalten sie zur Anschauung in den nächsten Wochen in der Einrichtung.
Hinweis: Die gekneteten Zahlen der Spielleitung können immer wieder für verschiedene der folgenden Spiele eingesetzt werden.

Was gibt's nur einmal?

Alter: ab 5 Jahren
Material: Notizzettel, Filzstift, Klebeband

Vorbereitung
Die Spielleitung schreibt für jedes Kind die Zahl Eins auf einen Zettel auf.

Spielablauf
Die Spielleitung verteilt die Zettel und gibt jedem Kind einen Streifen Klebeband. Auf ein Startzeichen gehen alle Kinder durch den Raum, um einen Gegenstand, der nur einmal vorhanden ist wie z. B. die Wanduhr oder die Tür, ausfindig zu machen. Darauf kleben sie ihren Zettel mit der Zahl Eins.

Gemeinsam machen die Kinder mit der Spielleitung einen Spaziergang durch den Raum, um die einzelnen Gegenstände zu begutachten. Konnten alle Zettel richtig angebracht bzw. immer ein Gegenstand gefunden werden?

Varianten

- Um die Zahl Zwei einzuführen, versteckt die Spielleitung z. B. die Hausschuhe der Kinder, bei der Zahl Drei jeweils drei gleiche Gegenstände usw. Die Kinder machen sich auf die Suche und bringen ihre Zettel mit der passenden Zahl an die entsprechende Anzahl an gleichen Dingen an.
- Sobald die Kinder die Zahlen und Mengen miteinander verknüpfen können, verteilt die Spielleitung viele verschiedene Gegenstände, die bis zu fünfmal vorkommen können, auf dem Boden. Die Kinder erhalten Zettel mit unterschiedlichen Zahlen und müssen entsprechend die gleichen Gegenstände zusammensuchen.

Zahlen ertasten

Alter: ab 6 Jahren
Material: 1 DIN-A4-Tonkarton pro Kind, Klebstoff, Stoffreste, Zirkel, Schleifenband, Schreibsachen, 1 Augenbinde für die Hälfte der Kinder

Vorbereitung
Die Spielleitung kopiert die Vorlage von S. 10 einmal für jedes Kind. Jede Vorlage wird auf einen Tonkarton geklebt.
Die Kinder schneiden die einzelnen Zahlen aus, die die Spielleitung laminiert und ihnen wieder zum Ausschneiden gibt. So erhalten alle Kinder einen eigenen Zahlensatz.
Für die einzelnen Zahlen sucht sich jedes Kind einen Stoffrest aus, auf dem die Spielleitung mit dem Zirkel einen großen Kreis zeichnet. Die Kinder schneiden den Stoff rund zu, legen die Zahlen hinein und binden das Säckchen mit einer Schleife zu. So haben sie ihre Zahlen jederzeit gesammelt griffbereit.

Spielablauf
Je zwei Kinder setzen sich mit einem Zahlensatz an einen Tisch und erhalten von der Spielleitung jeweils einen Zettel und Stifte sowie eine Augenbinde.
Ein Kind verbindet sich die Augen und das andere holt eine Zahl aus dem Beutel heraus, die es seinem Partner zum Fühlen reicht. Kann das Kind die Zahl erkennen und benennen? Falls ja, nimmt es seine Augenbinde ab und schreibt die Zahl auf sein Papier, bevor es mit seinem Partner die Rollen tauscht.
Sollte das Kind die Zahl nicht erkennen oder die falsche Zahl sagen, nimmt es ebenfalls die Augenbinde ab und schaut sich die Zahl gut an, bevor es eine neue Zahl ertasten darf. Konnten beide Kinder alle zehn Zahlen auf ihr Papier schreiben, ist das Spiel beendet.

Variante für jüngere Kinder

Die Zahlen von eins bis sechs liegen verteilt auf dem Tisch. Eines der beiden Kinder streckt z. B. vier Finger gut sichtbar in die Luft. Kann das Partnerkind die Zahl finden? Falls ja, werden die Rollen gewechselt.

1 2 3 4

5 6 7

8 9 10

Zahlenwächter aufgepasst!

Dieses Spiel dient zur Festigung des Zahlen- und Mengenbegriffs von eins bis fünf.

Alter: ab 5 Jahren
Material: Goldfolie, Klebstoff; für die Hälfte der Kinder: 1 kleine Schachtel, 1 Augenbinde, 6 Edelsteine, 1 laminierter Zahlensatz (➜ S. 9) oder gekneteter Zahlensatz (➜ S. 8)

Vorbereitung
Die Kinder bilden Paare. Gemeinsam bekleben sie eine kleine Schachtel mit goldener Folie als Schatzkiste. Die Paare erhalten zusammen jeweils sechs Edelsteine, die sie in die Schatzkiste legen. Zudem holen sie sich einen Zahlensatz und eine Augenbinde.

Spielablauf
Die Paare setzen sich an einen Tisch und stellen ihre Schatzkiste zwischen sich. Immer eines der beiden Kinder lässt sich die Augen verbinden. Das andere Kind spielt den Dieb und nimmt bis zu fünf Edelsteine aus der Kiste, die es unter dem Tisch versteckt. Dazu sagt es laut: *„Zahlenwächter aufgewacht und nachgedacht!“*
Sein Partner nimmt die Augenbinde ab und zählt die verbleibenden Steine. Entsprechend der Anzahl legt es die passende Zahl aus dem Zahlensatz daneben. Hat es die richtige Zahl gewählt, bestimmt es die Anzahl der fehlenden Steine, indem es mit den Fingern von der Zahl vor ihm aus weiterzählt bis zur Sechs. Zur Kontrolle holt das Partnerkind die versteckten Steine hervor. Anschließend findet ein Rollenwechsel statt.

Würfel-Gruppen

Alter: ab 5 Jahren
Material: „Kleiner Zahlenkanon“ (◎ Nr. 11) oder Tanzmusik, 1 großer Schaumstoffwürfel

Zum Rhythmus der Musik bewegen sich alle Kinder durch den Raum. Bei Musikstopp bleiben alle stehen und blicken zur Spielleitung, die mit dem Schaumstoffwürfel in Richtung Raummitte würfelt. Entsprechend der gewürfelten Punktzahl finden die Kinder sich so schnell wie möglich in Kleingruppen zusammen und reichen sich die Hände. Nur wenn die Zahl Eins gewürfelt wurde, knien sie sich möglichst schnell auf den Boden.
Ein Kind aus der Gruppe, die sich entsprechend der gewürfelten Punktzahl besonders schnell zusammenfinden konnte, darf in der nächsten Runde würfeln.

Auf dem Bauernhof, da ist was los!

Nr. 4

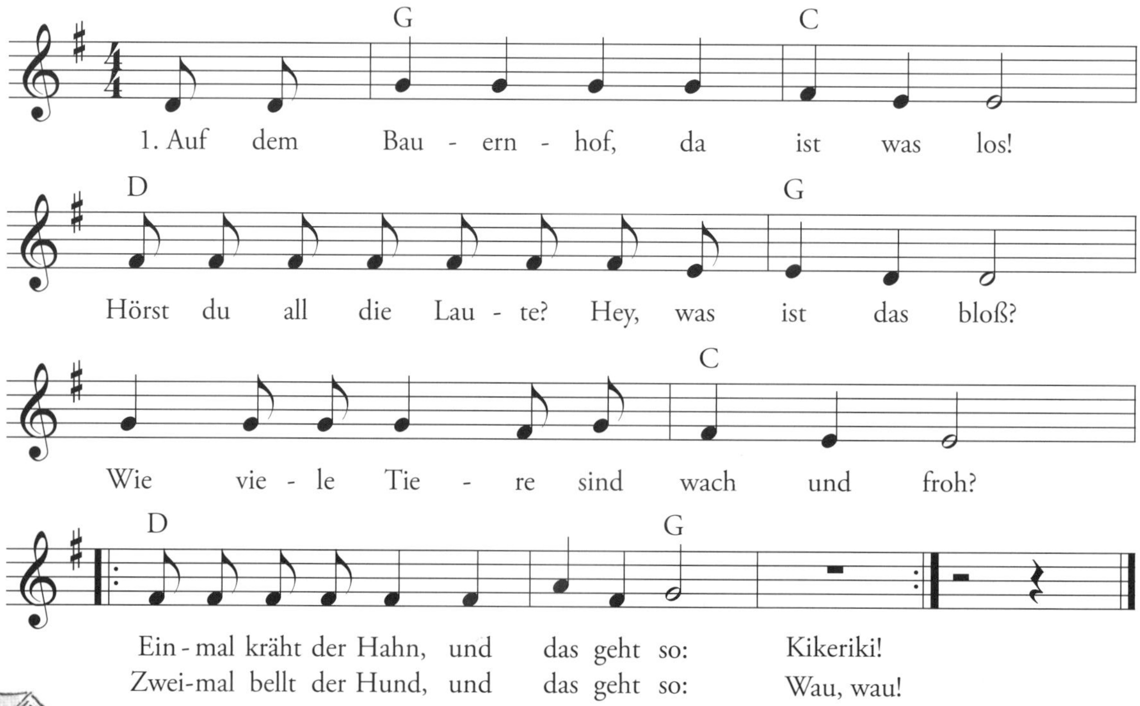

2. … Dreimal miaut die Katz, und das geht so:
Miau, miau, miau!
Viermal piepst die Maus, und das geht so:
Pieps, pieps, pieps, pieps!

3. … Fünfmal wiehert das Pferd, und das geht so:
Hüüüh, hüüüh, hüüüh, hüüüh, hüüüh!
Sechsmal muht die Kuh, und das geht so:
Muh, muh, muh, muh, muh, muh!

4. … Siebenmal grunzt das Schwein, und das geht so:
Oink, oink, oink, oink, oink, oink, oink!
Achtmal blökt das Schaf, und das geht so:
Böh, böh, böh, böh, böh, böh, böh, böh!

5. … Neunmal gackert das Huhn, und das geht so:
Gack, gack, gack, gack, gack, gack, gack, gack, gack!
Zehnmal hüpft der Has, und das geht so:
Hüpf, hüpf, hüpf, hüpf, hüpf, hüpf, hüpf, hüpf, hüpf, hüpf!

Die Kinder stehen im Kreis. Je zwei bis drei Kinder, die nebeneinanderstehen, repräsentieren eines der zehn Tiere, sodass jedes Tier im Kreis der Reihe nach vergeben wird. Zu jeder Strophe ahmen die betreffenden Kinder den passenden Tierlaut entsprechend oft nach (oder hüpfen in der 10. Strophe wie Hasen).

Varianten für ältere Kinder

- (Vor-)Schulkinder imitieren die Tiere allein. Bei mehr als zehn Kindern in der Gruppe wechseln sie am Ende die Rollen und singen das Lied noch einmal.
- Die Kinder singen das Lied wie beschrieben im Kreis mit verteilten Tierrollen. Zusätzlich singen sie es als anhängendes Aufzähllied, d. h. sie wiederholen bei jeder Strophe die vorhergehenden Tiere: *„Einmal kräht der Hahn, und das geht so: Kikeriki! Zweimal bellt der Hund, und das geht so: Wau, wau! Dreimal miaut die Katz, und das geht so: Miau, miau, miau! …“*

Dreimal bellt der Hund

Alter: ab 5 Jahren
Material: „Auf dem Bauernhof, da ist was los!“ (➜ S. 12)

Die Kinder bilden einen Kreis. Zwei Kinder treten in die Kreismitte und spielen jeweils ein Tier. Zudem flüstert die Spielleitung den beiden Kindern eine bestimmte Anzahl an Tierlauten ins Ohr, die sie sich gut merken. Alle Kinder im Außenkreis sagen die ersten drei Zeilen des Liedes auf:
Auf dem Bauernhof, da ist was los!
Hörst du all die Laute? Hey, was ist das bloß?
Wie viele Tiere sind wach und froh?
Anschließend stellen die zwei Kinder in der Mitte nacheinander ihre Tiere akustisch vor: Der Hund bellt z. B. zweimal und die Kuh muht fünfmal.
Anschließend fragt die Spielleitung z. B.: *„Wie oft hat der Hund gebellt?“* Die Kinder im Kreis deuten die Anzahl mit ihren Fingern an. Zur Kontrolle „bellt“ das betreffende Kind wieder zweimal. Dabei zählen die Kinder jedes Tiergeräusch laut mit.
Sind beide Tier-Kinder an der Reihe gewesen, tauschen die zwei Kinder mit jeweils einem anderen Kind den Platz, die das Spiel auf die gleiche Art wiederholen.

Tiere zählen

Alter: ab 6 Jahren
Material: Tuch, Malpapier, 1 roter Filzstift pro Kind, Buntstifte; evtl. 1 laminierter Zahlensatz (➜ S. 9)

Vorbereitung
Die Spielleitung kopiert die Bauernhoftiere von S. 15 mind. dreimal. Sie schneidet alle Tiere aus und legt manche zunächst nur einmal, andere zweimal auf einem Tisch übersichtlich bereit.

Spielablauf
Die Kinder kommen am Tisch zusammen und prägen sich die Tiere, die nur einmal zu sehen sind, gut ein. Nach kurzer Zeit deckt die Spielleitung die Tiere mit einem Tuch ab. Die Kinder setzen sich um einen zweiten freien Tisch herum und erhalten Papier und jeweils einen roten Filzstift, mit dem sie die Zahl Eins ganz groß in die Mitte des Blatts schreiben. Zusätzlich malen sie mit den Buntstiften alle einzelnen Tiere, die sie sich merken konnten, um die Zahl Eins herum. Sind alle Bilder fertig, deckt die Spielleitung die Tiere wieder auf. Konnten alle Tiere, die nur einmal zu sehen sind, gemalt werden?
In den nächsten Spielrunden variiert die Spielleitung die Anzahl der Tiere. Jetzt malen die Kinder alle Tiere zweimal auf, die zweimal zu sehen gewesen sind, danach alle Tiere dreimal, die dreimal vorhanden gewesen sind usw.

Variante für jüngere Kinder

Die Kinder holen die Zahlen Eins und Zwei aus einem Zahlen-Säckchen und setzen sich um den Tisch, auf dem die Bauernhoftiere liegen. Sie sortieren gemeinsam die Bilder nach ihrer Anzahl: Alle Bilder, die einmal vorkommen, legen sie unter die Zahl Eins, und alle Bilder, die zweimal vorhanden sind, unter die Zahl Zwei.

Maulwurf sucht Regenwurm

Alter: ab 5 Jahren
Material: dicke Kordel, 1 Augenbinde

Die Spielleitung schneidet die Kordel in fünf lange Stücke als Regenwürmer. Die Kinder bilden einen Innen- und einen Außenkreis, indem sie sich paarweise einander gegenüberstellen und ihrem Partnerkind die Hände reichen. Ein Kind spielt den Maulwurf und bekommt die Augen verbunden. Gleichzeitig erhalten bis zu fünf der Kinderpaare eine Kordel, die sie an einem Ende mit einem Händepaar festhalten und wie einen langen „Regenwurm" herunterbaumeln lassen. Unter ihren Händen befindet sich jetzt das Erdreich und darüber die Wiese.
Die Spielleitung führt den „Maulwurf" unter die Arme von zwei Kindern, wo er tastend seinen Weg durch den Erdboden auf der Suche nach leckeren „Regenwürmern" beginnt. Ertastet der „Maulwurf" einen herabhängenden „Regenwurm", zieht er ihn den Kindern aus den Händen. Er ruft: *„Mmh, ein Regenwurm!"* und übergibt ihn der Spielleitung, bevor er weiterkrabbelt.
Kommt der „Maulwurf" nach einer Kreisumrundung wieder an seinem Ausgangspunkt an, ruft die Spielleitung: *„Stopp!"* Kann der „Maulwurf" die gefundene Anzahl der „Regenwürmer", die die Spielleitung jetzt in den Händen hält, benennen? Und wurden tatsächlich alle „Regenwürmer" gefunden? Die Spielleitung nimmt dem Kind die Augenbinde ab, sodass es gleich nachsehen kann.

Zahlenfingerspiel

Alter: ab 4 Jahren

Jetzt fängt das Zahlenfingerspiel an:
Als Erster ist der Daumen dran.
Zwei, drei, vier – und dann?
Kommt der kleine Finger an!
Sind alle fünf Finger am gleichen Ort,
gehen sie gemeinsam wieder fort!

Spielablauf
Die Kinder sitzen im Stuhlkreis. Sie bilden eine Faust und strecken nacheinander Daumen, Zeigefinger, Mittelfinger und Ringfinger aus. Dann lassen sie ihre Hand hinter dem Rücken verschwinden.

Wie oft wiehert das Pferd?

Alter: ab 5 Jahren
Material: 2–3 laminierte Zahlensätze (➜ S. 9), „Auf dem Bauernhof, da ist was los!" (➜ S. 12)

Bis auf ein Kind erhalten alle Kinder von der Spielleitung eine Zahl aus dem Zahlensatz. Spielen mehr als zehn Kinder mit, werden manche Zahlen mehrfach vergeben.
Die Kinder bilden einen Kreis um das Kind ohne Zahl herum, das sich ein Tier ausdenkt. Danach singen sie miteinander das Lied. Am Ende sagt die Spielleitung:
„Kannst du die Anzahl der Tierlaute leise benennen? Kannst du die gesuchte Zahl in deiner Hand erkennen?"
Anschließend kann das Kind z. B. wie ein Pferd im Innenkreis herumgaloppieren und bis zu zehnmal wiehern, bevor es stehen

bleibt. Wer von den anderen Kindern die entsprechende Zahl in der Hand hat, hält sie hoch und wiederholt die Laute. Hat es richtig gehört, tauscht es mit dem Kind in der Mitte bei der nächsten Runde den Platz. Gibt es mehrere Kinder mit der gleichen Zahl, wählt das Kind in der Mitte eines von ihnen aus. Hält kein Kind seine Zahl hoch, wiederholt das erste Kind das Spiel.

Auf die Hühnerleiter und los!

Die Hühner wollen so schnell wie möglich die Hühnerleiter hinaufklettern, um sich auf dem Heuboden auszuruhen. Welches Huhn erreicht den Heuboden zuerst?

Alter: ab 6 Jahren
Material: Buntstifte, mehrere Augenwürfel; evtl. 1 Eieruhr

Vorbereitung
Die Spielleitung kopiert den Spielplan von S. 18 mehrfach auf DIN A3 vergrößert und pro Kind einmal die Huhn-Spielfigur. Jedes Kind schneidet sein Huhn aus und malt es an. Damit die Spielfiguren klar zu unterscheiden sind, darf jede Farbe nur einmal verwendet werden. Die Spielleitung laminiert die Figuren und die Kinder schneiden sie erneut aus.

Spielablauf
Bis zu vier Kinder erhalten einen Spielplan und einen Würfel. Ein Kind beginnt zu würfeln und läuft mit seinem Huhn entsprechend der Augenzahl Sprosse für Sprosse die Leiter hinauf. Dabei zählt es laut die einzelnen Sprossen. Anschließend würfelt das Kind ein zweites Mal. Würfelt es eine höhere Punktzahl als die Anzahl der vor ihm liegenden Sprossen, sodass es über den Heuboden hinaus fliegen würde, muss es in umgekehrter Reihenfolge die Sprossen mit seinem Huhn wieder hinuntersteigen. Dabei zählt es wieder die einzelnen Sprossen. Gelingt es jedoch einem Kind auf die oberste Sprosse zu gelangen, ist das Huhn auf dem Heuboden angekommen und kann sich ausruhen, während die anderen Kinder weiterspielen.
Falls nicht, übergibt es den Würfel seinem rechten Nachbarkind, das das Spiel auf die gleiche Art fortsetzt. Nach 10 Min. beendet die Spielleitung das Spiel, indem sie ruft: *„Eins, zwei, drei, vier, fünf, sechs, sieben, acht, neun, zehn – wer wird wohl jetzt auf der höchsten Sprosse stehn?“*

Variante für jüngere Kinder
Die Kinder sind für alle Hühner zuständig und laufen die Treppe nur in eine Richtung nach oben. Gelangen die Hühner vor Einbruch der Dunkelheit noch rechtzeitig auf den Heuboden? Die Spielleitung misst dazu die Zeit mithilfe einer Eieruhr. Die Kinder würfeln nacheinander reihum so lange, bis alle Hühner auf dem Heuboden sind – oder die Spielzeit beendet ist. Diesmal muss die Augenzahl nicht genau passend sein, um den Heuboden zu erreichen – überschüssige Punkte verfallen einfach.

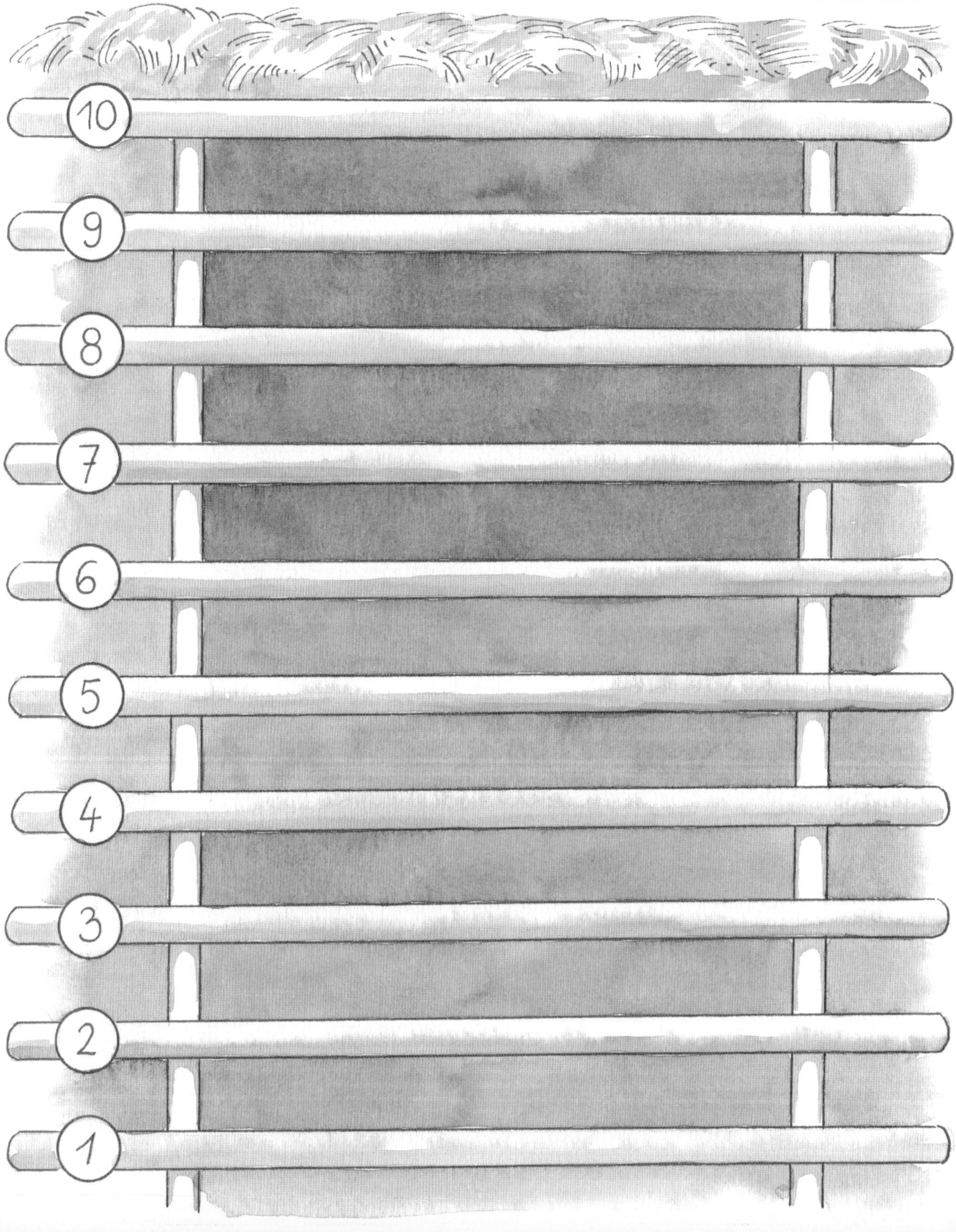
10
9
8
7
6
5
4
3
2
1

Wie viele Finger willst du sehn?

Alter: ab 4 Jahren

Die Kinder bilden einen Kreis und machen mit beiden Händen eine Faust. Die Spielleitung stellt sich in die Kreismitte und sagt: *„Eins, zwei, drei, vier, fünf, sechs, sieben, acht, neun, zehn – wie viele Finger willst du sehn?“* Dabei zählt sie die einzelnen Kinder der Reihe nach ab, indem sie bei jeder Silbe auf ein Kind deutet. Das zehnte Kind darf sich eine Zahl von eins bis zehn wünschen. Ruft es z. B.: *„Sechs“*, strecken alle Kinder sechs Finger aus. Danach wiederholt die Spielleitung das Spiel mit dem Satz, den die Kinder im Kreis gleich mitsprechen.

Alle zehn Finger

Alter: ab 4 Jahren

Ich habe insgesamt zehn Finger.
Das sind vielleicht lustige Dinger:

Eins: Das ist der dicke Mann.
Zwei: Der lange Zeigerfinger ist dran.
Drei: Das ist der Mann in der Mitte.
Vier: Der ist kleiner als der Dritte.
Fünf: Das ist der kleinste Mann.
Nun ist die and're Hand schon dran:

Eins: Das ist der dicke Mann.
Zwei: Der lange Zeigerfinger ist dran.
Drei: Das ist der Mann in der Mitte.
Vier: Der ist kleiner als der Dritte.
Fünf: Das ist der kleinste Mann.
Und dann? Fängt das Spiel von vorne an!

Spielablauf
Die Kinder strecken alle zehn Finger aus. Anschließend bilden sie eine Faust und strecken ausgehend vom Daumen die einzelnen Finger nacheinander aus. Anschließend wiederholen sie den zweiten Teil des Fingerspiels auf die gleiche Art mit der anderen Hand.

Zähl mit uns die Jahreskinder

Nr. 2

Refrain:
Frühling, Sommer, Herbst und Winter,
Zähl mit uns die Jahreskinder!
Tanz mit uns den Jahrestanz
Und zeig uns, wie du zählen kannst!

1. Eins, zwei, drei,
Wer kommt schnell herbei?
Eins, das ist der Januar,
Zwei, das ist der Februar,
Drei, das ist der März, na klar,
Und schon ist auch der Frühling da!

Refrain: Frühling, Sommer, Herbst und Winter …

2. Vier, fünf, sechs,
Merk dir diesen Text!
Vier, ja, das ist der April,
Fünf der Mai, du weißt schon viel!
Sechs, das ist der Juni, klar,
Und schon ist auch der Sommer da!

Refrain: Frühling, Sommer, Herbst und Winter …

3. Sieben, acht, neun,
Du bist nicht allein!
Sieben ist der Juli dann,
Acht, August, hey, du bist dran!
Neun, September, das ist klar,
Und schon ist auch der Herbst dann da!

Refrain: Frühling, Sommer, Herbst und Winter …

4. Zehn, elf, zwölf,
Frag mich, und ich helf!
Zehn, Oktober, bald ist Schluss,
Elf, November, schönen Gruß!
Zwölf, Dezember, das ist klar,
Und schon ist auch der Winter da!

Refrain: Frühling, Sommer, Herbst und Winter …

Alle Kinder stehen im Kreis und singen den ersten Refrain. Zu den einzelnen Strophen zeigen sie die Monatszahlen mit ihren Fingern an. Zudem werden zu Beginn der Strophe je drei Kinder von der Spielleitung abgezählt, die dazu einen großen Schritt in den Innenkreis treten. Beim 2. Refrain bilden sie einen Innenkreis. Zu den folgenden Refrains bewegen sich beide Kreise in Gegenrichtung umeinander. Bei den weiteren Strophen kommen auf die gleiche Art jeweils drei weitere Kinder hinzu, bis alle zwölf Monatskinder im Innenkreis stehen.

Achtung, Geisterstunde!

Alter: ab 5 Jahren
Material: 1 Triangel, 1 Handtrommel

Ein Kind spielt ein Gespenst und ein zweites erhält eine Triangel. Die Spielleitung spielt auf der Trommel einen Rhythmus, zu dem alle Kinder im Takt durch den Raum gehen. Verstummt die Trommel, schlägt das Kind mit der Triangel sein Instrument zwölfmal kurz hintereinander an – Geisterstunde! Alle anderen bleiben stehen und zählen laut mit. Sobald die Zwölf gezählt wurde, laufen alle schnell zu einer freien Wand, um sich dort vor dem Gespenst zu retten, das sie fangen will. Erklingt die Trommel erneut, bewegen sie sich wieder rhythmisch durch den Raum und das Gespenst reiht sich ein. Kann das Gespenst jedoch zuvor ein Kind erwischen, das keine Wand berührt, spielt dieses in der nächsten Runde die Triangel, das Triangel-Kind wird zum Gespenst und das erste Gespenst mischt sich unter die übrigen Kinder.

Wie viele Monate hat das Jahr?

Alter: ab 5 Jahren
Material: „Zähl mit uns die Jahreskinder“ (s. o.)

Alle Kinder sitzen im Stuhlkreis. Die Spielleitung deutet nacheinander auf insgesamt zwölf Kinder, die sich jeweils einen bestimmten Monat gut merken.
Gemeinsam singen sie das Lied. Dabei darf immer dasjenige Kind in die Mitte treten, dessen Monat genannt wurde. So kommen immer mehr Kinder hinzu, die sich dicht nebeneinander im Innenkreis aufstellen.
Ist das Lied beendet, stehen zwölf Kinder im Kreis, die sich in der gleichen Reihenfolge, in der sie aufgestanden sind, wieder in den Stuhlkreis setzen. Dazu benennen alle Kinder gemeinsam die einzelnen Monate von Januar bis Dezember.

Variante für ältere Kinder

Die Kinder spielen und singen auf die gleiche Weise, sagen aber am Ende die Monate rückwärts auf. Wie schnell klappt das?

Zwölf Kinder gesucht!

Alter: ab 5 Jahren
Material: 1 laminierter Zahlensatz pro Kind (➔ S. 9)

Die Kinder nehmen sich die Zahlen Eins und Zwei aus ihrem Zahlensatz und bilden einen Stuhlkreis. Die Spielleitung stellt sich in die Kreismitte und deutet willkürlich auf bis zu zwölf Kinder, die aufstehen. Sie fragt:
„Wie viele Kinder stehen hier im Kreis?
Sind es zwölf – wer weiß, wer weiß?"
Alle Kinder, auch diejenigen, die vor ihren Stühlen stehen, zählen leise die betreffenden Kinder. Wer glaubt, dass es zwölf Kinder sind, hebt die Zahl Eins mit der linken Hand und die Zahl Zwei mit der rechten Hand gut sichtbar in die Luft. Zur Kontrolle deutet die Spielleitung auf die einzelnen Kinder, die vor ihren Stühlen stehen. Dabei zählen alle Kinder ganz laut mit.

Elf oder Zwölf?

Alter: ab 5 Jahren
Material: DIN A3-Papier, dicker schwarzer Filzstift, 1 Handtrommel, 1 Triangel

Vorbereitung
Auf einen Papierbogen schreibt die Spielleitung groß die Zahl Elf, auf einen zweiten die Zahl Zwölf. Sie hängt beide Plakate an zwei verschiedenen Wänden weit voneinander entfernt gut sichtbar im Raum auf.

Spielablauf
Zum Rhythmus der Trommel laufen alle Kinder durch den Raum. Stoppt das Trommelspiel, bleiben alle Kinder stehen und die Spielleitung schlägt entweder elf- oder zwölfmal die Triangel an. Wer elf Schläge zählt, läuft rasch zur Zahl Elf, wer zwölf Schläge hört, läuft entsprechend zur Zwölf. Die Spielleitung übergibt einem der Kinder, das die Aufgabe besonders schnell richtig gelöst hat, die Trommel und einem weiteren die Triangel für die nächste Spielrunde.

Monate aufzählen

Alter: ab 6 Jahren
Material: 1 Wandkalender (am besten mit Landschaftsbildern) pro Kinderpaar

Die Kinder bilden Paare und erhalten jeweils einen Kalender. Zwei bis drei Paare setzen sich um einen Tisch herum. Die Spielleitung zählt ein paar Monate nacheinander auf, die die Paare laut mitzählen. Danach versuchen sie die entsprechende Anzahl an Kalenderblätter umzublättern. Zur Kontrolle zählen alle Kinder gemeinsam die Anzahl der umgeblätterten Kalenderblätter nach. Diejenigen Paare, die am Ende die richtige Anzahl umgeblättert haben, sind Sieger!
Danach eröffnet die Spielleitung eine neue Spielrunde, indem sie wieder bis zu zwölf Monate nacheinander aufzählt.

Jahreszeiten würfeln

Alter: ab 4 Jahren
Material: 1 großer Schaumstoffwürfel

Die Kinder sitzen in einem Stuhlkreis. Eines der Kinder erhält den Schaumstoffwürfel und würfelt damit zur Kreismitte.
Bei einer Augenzahl von eins bis vier rufen die Kinder die jeweilige Jahreszeit, also Frühling, Sommer, Herbst oder Winter, und zeigen dazu die Zahl mit ihren Fingern an.
Bei einer Fünf rufen sie „*Fasching*" oder „*Karneval*" für die „fünfte Jahreszeit" (in „karnevalsfreien Gebieten" würfeln die Kinder stattdessen noch einmal).
Bei einer Sechs versucht das Würfelkind alle vier Jahreszeiten allein aufzuzählen und nimmt dazu vier Finger zu Hilfe. Weiß es nicht weiter, helfen ihm die anderen.
Die Kinder würfeln reihum so lange, bis jedes Kind mind. einmal würfeln konnte.

Achtung, die Zwölf kommt!

Alter: ab 5 Jahren
Material: 1 Weichbodenmatte

Die Kinder stehen in einem großen Kreis. Zwei bis drei Meter vom Kreis entfernt legt die Spielleitung eine große Weichbodenmatte auf den Boden.
Eines der Kinder ruft laut: „*Eins!*" Das Kind, das rechts neben ihm steht, ruft laut: „*Zwei!*" Auf diese Weise zählen die Kinder nacheinander bis zwölf. Das Kind mit der Zahl Zwölf wird zum Fänger und versucht möglichst schnell ein Kind zu schnappen. Alle flüchten blitzschnell zur Matte: Dort können sie nicht mehr gefangen werden. Wird ein Kind vorher abgeschlagen, darf der Fänger in der nächsten Spielrunde das Spiel mit der Zahl Eins im Kreis beginnen.

Variante für jüngere Kinder

Können die Kinder noch nicht bis zwölf zählen, vereinbaren sie einfach eine niedrigere Zahl für das Spiel.

Wer klatscht zwölfmal?

Alter: ab 5 Jahren

Alle Kinder sitzen im Stuhlkreis. Ein Kind schließt die Augen und die Spielleitung deutet lautlos auf ein beliebiges anderes Kind, das später zwölfmal klatschen wird. Alle anderen Kinder denken sich eine Zahl zwischen eins und elf aus.

Das erste Kind öffnet wieder die Augen. Es geht im Innenkreis herum auf der Suche nach dem Kind mit zwölf Klatschern. Dazu bleibt es vor einem beliebigen Kind stehen, das z. B. zehnmal klatscht. Der Reihe nach oder nach dem Zufallsprinzip geht das suchende Kind im Innenkreis herum und bleibt so oft vor einem anderen Kind stehen, bis es zwölf Klatscher zählt. Hat es richtig mitgezählt, wechselt es mit dem betreffenden Kind den Platz und eine neue Runde beginnt.

Erkennt es die zwölf Klatscher nicht und geht weiter, stoppt die Spielleitung und lässt alle Kinder gemeinsam laut mitzählen, während das Zwölferkind noch einmal klatscht. Wird das falsche Kind mit weniger Klatschern ausgesucht, wiederholt dieses ebenfalls seine Klatscher und alle zählen laut mit, bevor das suchende Kind seinen Gang durch den Innenkreis fortsetzt.

Variante

Je nach Zählumfang stellen sich fünf bis zwölf Kinder in einer Reihe auf und das Ratekind geht nach draußen. Die Kinder prägen sich kurz ihre Zahl ein und üben einmal die entsprechende Anzahl an Klatschern zu machen. Dann stellen sie sich durcheinander auf. Das Ratekind kommt herein und bittet alle Kinder nacheinander, ihre Klatscher zu machen und sortiert dabei die Kinder in die richtige Reihenfolge.

Rund oder eckig?

Geometrische Grundformen

Aus unterschiedlich großen, dicken und farbigen geometrischen Grundformen ein Muster (nach-)legen oder einen Turm bauen macht Spaß und trägt dazu bei, dass Kinder spielerisch die Eigenschaften einzelner Formen bewusst kennen, vergleichen und unterscheiden lernen.

Die Begegnung mit geometrischen Grundformen ist fast überall im Alltag möglich: Mein Teller ist kreisrund, die Bauklotzkiste im Kiga ist quadratisch, unser Malpapier rechteckig, mein Piratenhalstuch dreieckig. Die Kinder können durch gezielte Fragen auf die einzelnen Formen aufmerksam gemacht werden. Es macht sie stolz, wenn sie durch ein Verkehrsspiel selbst herausfinden, dass z. B. das Vorfahrtsschild aus einem auf den Kopf gestellten Dreieck und der Zebrastreifen aus großen Rechtecken besteht.

Zudem sind Aktionen wie der Besuch einer Kunstausstellung oder die Besichtigung eines historischen Gebäudes nicht nur interessant, sondern ein guter Anlass, um sich gemeinsam auf die Suche nach einfachen, aber auch außergewöhnlichen Formen zu machen.

Zu all dem lernen die Kinder durch Spiele und Lieder rund um die ersten Formen deren Eigenschaften kennen, sie z. B. nach ihrer Form und Größe zu vergleichen und zu unterscheiden.

Spielerisch üben die Kinder die Form-Raum-Wahrnehmung zu beschreiben, die Umrisse der einzelnen Formen auf Papier darzustellen, sie nach bestimmten geometrischen Kriterien zu sortieren und vieles mehr.

Punkt und Linie, Dreieck, Viereck

Nr. 6

Ein einfaches Formen-Lernlied zum Üben und Nachzeichnen geometrischer Grundformen.

Refrain:
Punkt und Linie, Dreieck, Viereck:
Was ist schon dabei?
Ohne Ecken einen Kreis,
Länglich wird‘s ein Ei!

1. Auf das leere Blatt Papier
Tupf ich einmal, glaub es mir.
Hat es schon gefunkt?
Klar, das ist ein Punkt!

Refrain:
Punkt und Linie, Dreieck, Viereck …

2. Kommt ein zweiter Punkt dazu:
Ich verbinde sie im Nu.
Gerade, schön und fein,
Soll die Linie sein!

Refrain:
Punkt und Linie, Dreieck, Viereck …

3. Kommt ein dritter Punkt dazu:
Ich verbinde sie im Nu.
Die drei Ecken – ach,
Sehn aus wie ein Dach!

Refrain:
Punkt und Linie, Dreieck, Viereck …

4. Aus vier Punkten, das ist klar,
Mach ein Viereck, doch fürwahr,
Wie ein Würfel grad
Wird es ein Quadrat!

Refrain:
Punkt und Linie, Dreieck, Viereck …

5. Keine Ecken mag ich mehr,
Etwas Rundes, bitte sehr!
Wie 'ne Kugel Eis –
Klar, das ist ein Kreis!

Refrain:
Punkt und Linie, Dreieck, Viereck …

Material: 1 Wollknäuel

Die Kinder stellen die „Punkte" dar, die sich nach und nach mit Wollfäden zu den Formen verbinden. Dazu bilden zunächst alle einen Kreis und singen gemeinsam den **Refrain.**

In der **1. Strophe** geht ein Kind mit dem Wollknäuel in die Kreismitte.
In der **2. Strophe** stellt sich ein zweites Kind gegenüber auf. Das erste Kind hält den Anfang des Fadens fest und wirft ihm das Knäuel zu, sodass sich der Faden als Linie zwischen beiden spannt.
In der **3. Strophe** kommt ein weiteres Kind hinzu. Es bildet die Spitze des Dreiecks und bekommt das Knäuel von dem zweiten Kind zugeworfen, bevor es das Knäuel an das erste Kind zurückwirft, damit ein Dreieck entsteht.
In der **4. Strophe** stellt sich ein viertes Kind dazu und nimmt an einer Stelle den gespannten Faden mit in die Hand. Alle Kinder verschieben sich so, dass sie die vier Ecken eines Quadrats bilden.
Zur **5. Strophe** kommen die Fäden weg, alle Kinder gehen in den Kreis zurück und fassen sich an den Händen.

Spring in das Quadrat!

Alter: ab 4 Jahren
Material: Kreide oder Seile, „Punkt und Linie, Dreieck, Viereck“ (➔ S. 26)

Die Spielleitung markiert mit Kreide oder Seilen auf dem Boden nah beieinander einen Kreis, ein Dreieck und ein Quadrat.
Die Kinder bilden einen Kreis um die einzelnen Formen herum und singen den Refrain des Liedes:
Punkt und Linie, Dreieck, Viereck:
Was ist schon dabei?
Ohne Ecken einen Kreis,
Länglich wird's ein Ei!
Dabei gehen sie rhythmisch hintereinander um den Kreis herum. Die Spielleitung steht dabei in der Kreismitte und streckt ihre Arme waagerecht zu beiden Seiten aus, sodass sie mit ihren Zeigefingern auf die Kinder deutet. Am Ende des Refrains bleiben die Kinder sofort stehen und drehen sich mit dem Gesicht zur Spielleitung, die nun automatisch auf zwei einander gegenüberstehende Kinder zeigt. Sie ruft z. B.: *„Wer ist am schnellsten im Quadrat?“* Wer von den beiden Kindern als Erstes in die gesuchte Form springen kann, übernimmt in der nächsten Runde die Rolle der Spielleitung.

Variante

Sind die Kinder mit dem Spielablauf vertraut, singen sie zwischen dem sich wiederholenden Refrain-Spiel auch die Strophen. Dabei deuten sie in Strophe drei, vier und fünf auf die entsprechende Form.

Rund und eckig

Alter: ab 5 Jahren
Material: 1 Softball, 1 Triangel, 1 rechteckiges Kissen

Die Kinder bilden einen Stuhlkreis und stellen sich vor ihren Stühlen auf. Ein Kind erhält den Softball und nennt einen runden Gegenstand, z. B.: *„Rund wie ein Kreisel!“* Anschließend wirft es den Ball einem weiteren Kind zu, das auf die gleiche Art einen neuen runden Gegenstand benennt. Während das zweite Kind den Ball einem weiteren Kind zuwirft, setzt sich das erste Kind auf seinen Stuhl usw. Sollte ein Kind keinen weiteren Gegenstand benennen können, dürfen die übrigen Kinder behilflich sein. Sobald die Hälfte der Kinder auf ihrem Platz sitzt, lässt die Spielleitung die Triangel erklingen. Das Kind, das gerade den Ball in den Händen hält, legt ihn zur Seite, holt sich das Kissen und setzt das Spiel auf die gleiche Art fort, nun aber mit eckigen Gegenständen. Erst wenn alle Kinder auf ihren Stühlen sitzen, ist das Spiel beendet.

Formen legen

Alter: ab 5 Jahren
Material: 6–9 Origami-Faltblätter (15 × 15 cm) pro Kind

Die Kinder zerschneiden Quadrate in verschiedene Teilformen:

1. Ein Quadrat zur Hälfte falten. Das Quadrat öffnen und entlang der Mittellinie zu zwei Rechtecken zerschneiden.
2. Ein zweites Quadrat zur Hälfte falten. Das entstandene Rechteck wieder zur Hälfte falten. Alles auseinanderfalten und entlang der Falzlinien zerschneiden, sodass vier Quadrate entstehen.
3. Ein drittes Quadrat diagonal falten, auseinanderklappen und zu zwei Dreiecken auseinanderschneiden.
4. Ein viertes Quadrat diagonal falten, auseinanderklappen, in Gegenrichtung diagonal falten, auseinanderklappen und an den Falzlinien zu vier Dreiecken auseinanderschneiden.

Immer wenn sich eine neue Form durch Falzen oder Schneiden ergibt, benennen die Kinder diese.

Die Kinder mischen alle entstandenen Formen und erhalten zwei Quadrate als Vorlage, die sie mit den einzelnen Formen auslegen. Welche Formen passen in ein Quadrat?

Variante für ältere Kinder

Die Kinder zerschneiden zusätzlich zum ersten und zweiten Quadrat ein neues drittes und viertes in kleinere Formen:

3. Ein drittes Quadrat zur Hälfte falten. Das entstandene Rechteck wieder zur Hälfte falten. Alles auseinanderfalten und das Quadrat diagonal Ecke auf Ecke zu einem Dreieck falten. Das Quadrat öffnen und entlang der Falzlinien zerschneiden, sodass zwei Quadrate und vier Dreiecke entstehen.
4. Ein viertes Quadrat zur Hälfte falten. Das entstandene Rechteck wieder zur Hälfte falten. Alles auseinanderfalten und es diagonal Ecke auf Ecke zu einem Dreieck falten. Das Quadrat öffnen und es auf der anderen Seite diagonal Ecke auf Ecke zu einem Dreieck falten. Das Quadrat öffnen und entlang der Falzlinien zerschneiden, sodass acht Dreiecke entstehen.

Die Kinder erhalten jeweils vier Quadrate und machen ein Wettspiel, indem sie ihre vier Quadrate möglichst schnell mit den einzelnen Formen auslegen. SiegerIn ist, wer als Erstes seine Quadrate mit den einzelnen Formen auslegen konnte.

Formen ertasten

Alter: ab 5 Jahren
Material: weißer Tonkarton, Zirkel, Lineal, Papier, Buntstifte, 1 leere Schachtel mit Deckel pro Kind, Klebstoff, 1 Triangel; evtl. Ton, Moosgummi, Modelliermasse, Stoff etc.

Vorbereitung
Die Spielleitung zeichnet auf den weißen Tonkarton verschiedene Formen und schneidet sie aus:
- einen großen Kreis (Ø 7 cm)
- einen kleinen Kreis (Ø 3,5 cm)
- ein großes gleichseitiges Dreieck (Seitenlänge 8 cm)
- ein kleines gleichseitiges Dreieck (Seitenlänge 4 cm)
- ein großes Rechteck (8 × 4 cm)
- ein kleines Rechteck (4 × 2 cm)
- ein großes Quadrat (Seitenlänge 6 cm)
- ein kleines Quadrat (Seitenlänge 3 cm).

Die Kinder erhalten alle ebenfalls einen Tonkartonbogen, auf dem sie mithilfe der Schablonen die Umrisse der Formen aufzeichnen und ausschneiden. Die Spielleitung laminiert die Formen und die Kinder schneiden sie noch einmal aus.
Zusätzlich zeichnet die Spielleitung die Formen auf Papier, das sie für alle Kinder einmal kopiert. Die Kinder malen alle Formen bunt aus, schneiden sie aus und bekleben damit ihre Schachtel. So entsteht eine Formen-Box zum Aufbewahren und Wiederverwenden der acht Formen.
Hinweis: Die aufgeführten Größenangaben für die einzelnen Formen sind Beispiele und können jederzeit geändert werden!

Spielablauf
Maximal acht Kinder bilden einen Kreis und setzen sich eng nebeneinander im Schneidersitz auf den Boden. Spielen mehr als acht Kinder mit, bilden sich zwei oder drei enge Kreise.
Jedes Kind nimmt eine Form aus seiner Box und zeichnet den Umriss auf ein weißes Blatt Papier. Jede Form darf in einem Sitzkreis nur einmal vorkommen! Alle Kinder schauen sich eine Weile lang ihre eigene Form genau an und ertasten mit geschlossenen Augen deren Besonderheiten.
Die Spielleitung sammelt alle Formen ein. Während die Kinder ihre Augen schließen und die Hände auf den Rücken legen, verteilt sie die Formen neu, indem sie jedem Kind eine Form hinter dem Rücken in die offenen Hände legt.
Erklingt die Triangel, dürfen die Kinder ihre Augen öffnen. Ohne nach der Form zu sehen, reichen sie diese nach rechts an ihr Nachbarkind weiter. Die neue Form wird kurz betastet, während die Kinder auf das Papier mit dem Umriss vor ihnen schauen, und beim nächsten Triangelklang weitergegeben. Wer glaubt, seine eigene Form in den Händen zu halten, hält diese fest, nimmt sein Papier, steht auf und tritt aus dem Kreis heraus. Seine beiden Nachbarkinder rücken etwas zusammen und schließen die Lücke. Sie reichen die verbleibenden Formen weiter herum.
Hat jedes Kind seine Form gefunden oder sind nur noch wenige Kinder im Kreis, die in den letzten Runden ihre Form nicht finden, kommen alle wieder zusammen. Jedes Kind legt seine Form auf sein Papier mit dem Umriss: Wer hat seine Form richtig erkannt?

Variante
Alternativ zu den Formen aus Tonkarton stellen die Kinder Formen, z. B. aus Ton, Moosgummi, Modelliermasse, Stoff etc., her. Das ist die beste Schulung, um die Formen und so ganz nebenbei verschiedene Eigenschaften wie glatt und rau, glänzend und stumpf, eben und erhaben kennenzulernen!

Kreisrunde Würfelaugen

Alter: ab 5 Jahren
Material: Schreibsachen, 1 kleiner Kreis aus der Formen-Box (s. o.), 1 Würfel

Vorbereitung
Die Spielleitung schreibt die Zahlen von eins bis sechs untereinander und mit genügend Abstand groß auf ein Blatt Papier. Sie legt auf einem Tisch das Papier, einen Stift, den kleinen Kreis und einen Würfel bereit.

Spielablauf
Am Tisch zählt ein Kind aus, wer das Spiel beginnt:
„Eins, zwei, drei, du kommst bald dran,
doch jetzt fängt dieses Kind erst an!"
Das ausgezählte Kind würfelt und zählt die Augen. Es nimmt den kleinen Kreis und legt ihn neben die entsprechende Zahl auf dem Papier. Es nutzt den Kreis als Schablone, um damit neben der Zahl das Würfelbild nachzuzeichnen: Bei der Zahl Eins malt es nur einen Kreis, bei der Zahl Zwei zwei Kreise, die sich diagonal gegenüberstehen etc.
Dann ist das nächste Kind mit Würfeln an der Reihe. Sollte es die gleiche Punktzahl würfeln, übergibt es den Würfel seinem Nachbarkind. Sobald neben jeder Zahl das Würfelbild steht, ist das Spiel beendet.

Wie heißt die Form?

Alter: ab 5 Jahren
Material: 1 Augenbinde und 1 Kreis, 1 Dreieck, 1 Quadrat oder Rechteck (s. o.) für die Hälfte der Kinder, 1 Triangel, 1 Handtrommel

Die Hälfte der Kinder stellt sich im Kreis auf und bekommt die Augen von den übrigen Kindern verbunden. Die sehenden Kinder holen sich jeweils eine der geometrischen Formen, die sich in der Größe unterscheiden können. Sie bilden einen Innenkreis, sodass sie jeweils einem Kind im Außenkreis direkt gegenüberstehen.
Erklingt die Triangel, bekommen die Kinder im Außenkreis von ihrem Partnerkind eine Form in die Hände gelegt, die sie abtasten. Können die einzelnen Kinder im Außenkreis durch Fühlen die Form benennen? Die Partnerkinder teilen mit, ob die Antwort stimmt. Falls ja, tauschen die beiden Kinder ihre Plätze.
Haben alle Kinder im Außenkreis ihre Augen wieder verbunden, gehen die Kinder im Innenkreis zu jedem Trommelschlag, den die Spielleitung macht, einen Platz nach rechts weiter. Stoppt das Trommelspiel, bleiben die Kinder im Innenkreis vor ihrem neuen Partnerkind stehen und reichen ihm beim nächsten Triangelschlag ihre Form zum Erkunden.

Grundformen zeichnen

Alter: ab 4 Jahren
Material: Schreibsachen, Lineal, Zirkel, 1 roter Stift pro Kind

Vorbereitung
Die Spielleitung zeichnet auf ein Blatt Papier einen Kreis, ein Dreieck, ein Rechteck und ein Quadrat auf, das sie für alle Kinder kopiert.

Spielablauf
Die Kinder setzen sich an einen Tisch und erhalten jeweils eine Kopie sowie einen roten Stift. Die Spielleitung hat die gleichen Dinge vor sich liegen. Während sie den folgenden Text spricht und dazu die Anweisungen auf ihrem Papier durchführt, machen alle Kinder gleich mit:

Kreis, Dreieck, Rechteck und Quadrat:
Schau gut zu, das ist mein Rat!
auf alle Formen deuten

Ohne Ecken ist's ein Kreis,
der ist rund – wer das wohl weiß?
Kreisumriss nachzeichnen

Das Dreieck erkennt man von nah und fern:
Wir machen drei Punkte und verbinden sie gern.
auf alle drei Ecken einen roten Punkt malen und die Linien nachzeichnen

Das Quadrat erkennt man von nah und fern:
Wir machen vier Punkte und verbinden sie gern.
auf alle vier Ecken einen Punkt malen und die Linien nachzeichnen

Doch wie sieht bloß das Rechteck aus?
Sehen alle vier Seiten gleich lang aus?
auf das Rechteck schauen

Zwei Seiten sind kurz und zwei Seiten lang.
erst die kurzen, dann die beiden langen Seiten nachzeichnen
Mit welcher Form fängt unser Spiel wieder an?
Spiel von vorn mit dem Kreis beginnen

Kleiner oder großer Kreis?

Alter: ab 4 Jahren
Material: je 1 kleiner und 1 großer Kreis (→ S. 30) für die Hälfte der Kinder; evtl. je 1 kleines und 1 großes Quadrat/Dreieck (→ S. 30) für die Hälfte der Kinder

Spielablauf
Jedes Kind erhält eine Kreisform und alle kommen im Kreis zusammen. Die Spielleitung bittet ein Kind mit einem kleinen Kreis und eines mit einem großen Kreis in die Mitte. Dort betrachten beide Kinder ihre Kreise und vergleichen sie miteinander. Auf ein Startzeichen der Spielleitung gehen beide los, um alle Kinder zu finden, die den gleichen Kreis wie sie selbst haben. Wer einen Kreiszwilling findet, nimmt ihn an der Hand und bildet mit ihm und den weiteren gefundenen Kindern einen neuen kleinen Kreis.
Stehen alle Kinder in einem der beiden Kreise, vergleichen sie zur Kontrolle ihre Kreise mit dem Kreis des betreffenden Kindes. Sieger ist dasjenige Kind, das kein Kind mit einem anderen Kreis in seinem Kreis stehen hat.

Varianten

- Die Kinder führen das Spiel mit kleinen und großen Quadraten durch. Dazu stehen die Kinder am Anfang in einem großen Quadrat beisammen. Anstelle der Kreise bilden die beiden Kinder danach zwei Quadrate.
- Die Kinder spielen mit kleinen und großen Dreiecken. Dazu stehen sie in einem großen Dreieck beisammen und bilden am Ende zwei kleine Dreiecke.

Vier Kreise

Alter: ab 4 Jahren
Material: 4 Formen-Boxen (➔ S. 30), 1 Augenbinde

Ein Kind bekommt von der Spielleitung die Augen verbunden. Bis zu vier Kinder erhalten je einen Kreis und alle anderen eine andere Form. Alle stellen sich so im Kreis auf, dass sich die Kinder mit den Kreisen zwischen den anderen verteilen.
Das Kind mit den verbundenen Augen geht im Innenkreis von Kind zu Kind auf der Suche nach den Kreisen. Jedes Kind streckt ihm seine Form zum Tasten entgegen. Glaubt das Kind, dass es keinen Kreis vor sich hat, geht es weiter. Berührt es einen Kreis, bittet es das Kind sich hinzuknien. Erreicht das Kind seinen Ausgangsplatz wieder, ruft die Spielleitung: *„Stopp!“* Das Kind nimmt zur Kontrolle die Augenbinde ab. Konnte es alle vier Kreise finden?
Für die nächste Runde werden vier andere Formen, z. B. Dreiecke, verteilt und ein anderes Kind macht sich auf die Suche danach.

Logische Reihen

Alter: ab 4 Jahren
Material: große Tafel und Kreide (oder 1 weißer DIN-A3-Tonkarton und 1 dicker schwarzer Filzstift), 1 Formen-Box (➜ S. 30) pro Kind, DIN-A3-Papier, Buntstifte

Die Spielleitung zeichnet den Anfang einer logischen Reihe (s. u.) mit Formen auf eine große Tafel oder einen Tonkarton im Querformat. Die Kinder setzen die Reihe fort, indem sie die entsprechenden Formen aus ihrer Box nehmen und die Umrisse von links nach rechts in einer Reihe auf ihr Papier zeichnen. Am Ende vergleichen sie ihre Reihen miteinander. Sind sie nicht identisch, versuchen sie dem „Fehlerteufel“ auf die Spur zu kommen.

Beispiele für logische Reihen:

4–5 Jahre:

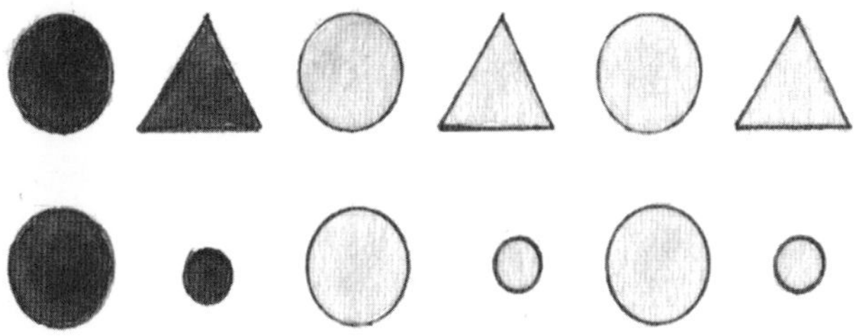

5–6 Jahre:

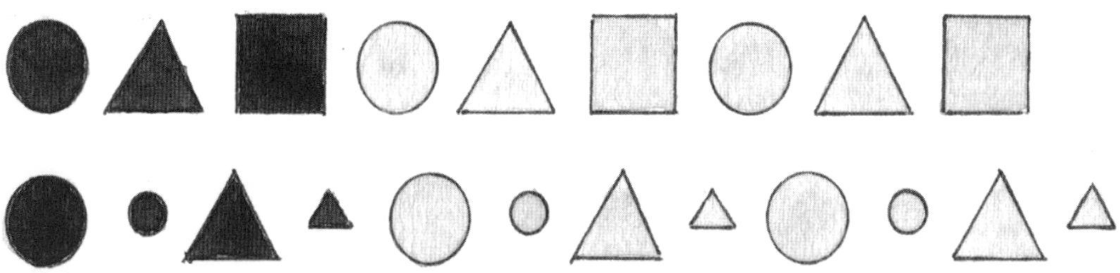

6–7 Jahre:

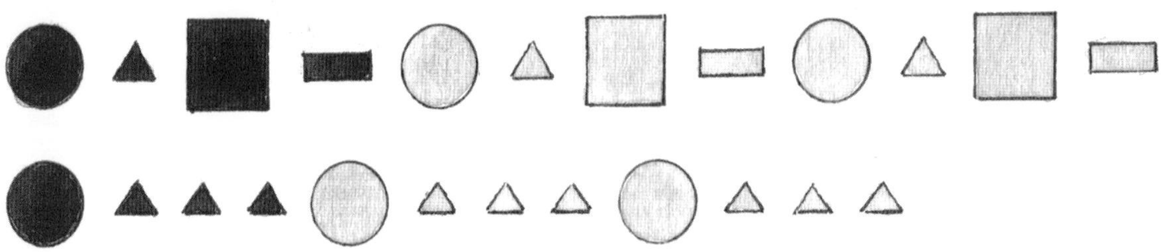

Formengang

Alter: ab 5 Jahren
Material: breite Stoffbahnen, langes Lineal, Zirkel, schwarzer Filzstift, 1 geometrische Grundform aus einer Formen-Box (➜ S. 30) pro Kind, 1 Triangel

Vorbereitung
Auf breiten Stoffbahnen zeichnet die Spielleitung den Umriss eines Kreises, eines Dreiecks, eines Quadrats und eines Rechtecks, das die Kinder ausschneiden.

Spielablauf
Alle Kinder suchen sich eine Grundform aus der Formen-Box aus und bilden einen großzügigen Kreis. Die Spielleitung legt die vier großen Stoffformen in die Mitte und stellt sich mit der Triangel daneben.
Zu jedem Triangelklang reichen die Kinder ihre Formen so lange nach rechts im Kreis herum, bis die Spielleitung auf ein Kind zugeht. Dieses überlegt, welche Form es gerade in den Händen hält, und geht in die Kreismitte, um den Umriss der passenden Stoffform abzugehen. Hat es die richtige Form erkannt, tauscht es mit der Spielleitung den Platz und übernimmt die Triangel. Ansonsten geht es wieder auf seinen Platz zurück und es beginnt eine neue Spielrunde.

Variante für ältere Kinder

Der Anfang des Spiels verläuft wie oben beschrieben, allerdings ohne die Formen aus Stoff! Sobald die Spielleitung *„Stopp!"* ruft, schauen alle Kinder auf ihre Form, die sie gerade in den Händen halten. Die Spielleitung geht auf ein Kind zu, das z. B. seinen Kreis darstellt, indem es ihn in die Luft zeichnet.

Wie groß ist der Kreis?

Bei diesem Spiel lernen die Kinder bewusst unterschiedlich große Kreisformen im Raum zu erkennen und wahrzunehmen.

Alter: ab 5 Jahren
Material: 1 Augenbinde

Alle Kinder bilden einen großzügigen Kreis, indem sie ihre Arme weit zur Seite ausstrecken, ohne dass sie eines ihrer beiden Nachbarkinder berühren. Aufmerksam betrachten sie gegenseitig ihre Körperposition im Kreis, die viel Platz im Raum einnimmt. Sie machen einen großen Schritt in Richtung Kreismitte, geben sich gegenseitig die Hände und betrachten den etwas kleineren Kreisumfang. Sie verringern ein weiteres Mal den Umfang, indem sie einen Schritt nach vorn treten und sich gegenseitig die Arme um die Schultern legen.
Konnten die Kinder einen großen, mittelgroßen und kleinen Kreis bilden und unterscheiden, wählen sie ein Kind aus, das in die Kreismitte tritt und sich die Augen verbinden lässt. Die Spielleitung stellt sich zwischen zwei Kinder im Kreis und deutet lautlos durch die Armhaltung an, welchen Kreis die Kinder bilden sollen. Stehen alle Kinder z. B. mit Handfassung im Kreis, geht das Kind auf Anweisung der Spielleitung aus der Mitte langsam auf die Kinder zu, um die Körperposition bzw. den Kreisumfang zu ertasten. Es teilt den anderen seine Vermutung mit und nimmt zur Kontrolle die Augenbinde ab: Hat es die Größe des Kreises richtig benannt? Für die nächste Spielrunde geht ein anderes Kind in die Mitte.

Formenmuster

Alter: ab 4 Jahren
Material: 1 Formen-Box pro Kind (➜ S. 30)

Immer zwei Kinder setzen sich nebeneinander an einen Tisch und erhalten jeweils eine Formen-Box mit den gleichen acht Formen. Eines der Kinder legt daraus ein Muster. Das andere Kind beobachtet jeden Schritt und versucht das Muster mit seinen Formen nachzulegen.
Am Ende vergleichen die beiden Kinder die Bilder miteinander: Stimmt alles überein oder muss etwas korrigiert werden? Ist alles richtig, tauschen die beiden Kinder die Rollen.

Trommel-Quadrat

Alter: ab 6 Jahren
Material: Kreide oder Formen aus Stoff (➜ S. 35), 1 Formen-Box (➜ S.30) pro Kind, 1 Handtrommel

Vorbereitung
Die Spielleitung zeichnet einen Kreis, ein Dreieck, ein Quadrat und ein Rechteck mit Kreide auf den Asphalt oder legt die Formen aus Stoff auf den Boden. Jedes Kind geht einmal den Umriss jeder Form ab und bekommt – wenn es das ohne Wackeln und Danebentreten geschafft hat – eine passende Form aus seiner Formen-Box für die Hosentasche. Wer alle vier Formen hat, ist fertig.

Spielablauf
Alle Kinder bewegen sich zum Rhythmus der Trommel durch den Raum. Ruft die Spielleitung z. B.: *„Kreis"* und stoppt das Trommelspiel, finden sich alle Kinder so schnell wie möglich zu einem Kreis zusammen. Dabei müssen sie gut aufeinander achten und sich in die entstehende Form einfügen. Steht der Kreis, erklingt die Trommel wieder und alle laufen erneut durch den Raum. In den nächsten Runden bilden die Kinder ein Dreieck, ein Quadrat oder ein Rechteck. Schaffen sie das, ohne dabei miteinander zu reden?

Formen schnappen

Alter: ab 4 Jahren
Material: Papier, 1 schwarzer Filzstift und 1 Formen-Box (➜ S. 30) pro Kind

Vorbereitung
Auf einem Blatt Papier legen die Kinder mithilfe von unterschiedlichen Formen z. B. ein Haus oder ein Muster und zeichnen die Umrisse der einzelnen Formen ab.
Am Ende verteilen sie die Formen auf einem Tisch und tauschen ihre Bilder miteinander aus.

Spielablauf
Auf ein Startzeichen durch die Spielleitung suchen alle Kinder rasch nach den Formen, die zu den Umrissen auf ihrem Blatt passen. Welches Kind findet die passenden Formen am schnellsten und kann damit das Muster nachlegen?

Variante

Je zwei Kinder treten gegeneinander an: Sie legen so schnell wie möglich die passenden Formen auf das Umrissbild des anderen Kindes. Welches Muster ist als Erstes wieder komplett?

Formen raten

Alter: ab 4 Jahren
Material: 1 Formen-Box (➜ S. 30), weißer DIN-A2-Tonkarton, Bleistifte, Wachsmalstifte

Vorbereitung
Die Kinder bilden Kleingruppen und legen den kleinen und den großen Kreis aus der Formen-Box nebeneinander auf einen Tisch auf den Tonkarton. Den Vorgang wiederholen sie mit den übrigen Formen (s. Abb.). Alle Kinder setzen sich um den Tisch herum, sodass sie die einzelnen Formen gut sehen können, und malen die Umrisse der Formen auf den Karton. Sie nehmen die Formen herunter und malen die Umrisse in verschiedenen Farben aus.

Spielablauf
Ein Kind beginnt das Spiel und sagt z. B.: *„Ich suche das große Dreieck!“* Daraufhin versuchen alle anderen Kinder so schnell wie möglich mit der flachen Hand darauf zu klatschen. Eines der Kinder, denen das besonders schnell gelingt, setzt das Spiel fort, indem es z. B. sagt: *„Ich suche den kleinen Kreis!“*

Variante für ältere Kinder

Ein Kind umschreibt die gesuchte Form statt sie direkt zu benennen, indem es z. B. sagt: *„Die Form ist rund und die Kleinere in seiner Reihe.“* Dabei können die Kinder auch die Farben zu Hilfe nehmen, z. B.: *„Die Form hat drei Ecken und ist hellblau!“*

Formen-Memory

Alter: ab 4 Jahren
Material: 12 Formenpaare (= 24 Einzelformen) aus den Formen-Boxen (→ S. 30), 24 DIN-A5-Tonkartonbögen

Die Kinder verteilen die einzelnen Formen auf dem Boden und bedecken sie jeweils mit einem Tonkarton. Alle Kinder stellen sich im Kreis um die Formen herum auf. Ein Kind hebt wie beim Memory nacheinander zwei Kartons hoch: Handelt es sich um zwei verschiedene Formen darunter, legt es die Kartons wieder auf die Formen zurück. Stimmen sie überein, darf es die beiden Formen behalten und die Tonkartons zur Seite legen.
Das Kind rechts von ihm im Kreis setzt das Spiel auf die gleiche Art fort. Das Spiel ist aus, wenn alle Paare gefunden wurden. Das Kind mit den meisten Paaren ist Sieger!

Variante für ältere Kinder

Ältere oder geübtere Kinder holen ein gefundenes Formen-Paar unter den Tonkartons hervor und lassen die Kartons liegen, statt sie wegzuräumen. So können während des Spielablaufs auch Kartons umgedreht werden, unter denen sich keine Formen mehr befinden. Zwischendurch zählen die Kinder alle gefundenen Paare, um herauszufinden, ob sich noch Formen im Spiel befinden.

Wir zaubern ein Quadrat!

Alter: ab 5 Jahren
Material für 2–4 Kinder: 1 DIN-A3-Tonkarton, Klebestift, 1 Würfel, Kordel, Knetmasse; 1 Spielfigur pro Kind

Vorbereitung
Die Spielleitung kopiert für jeweils zwei bis vier Kinder den Spielplan von S. 39 auf DIN A3 vergrößert. Jede Kleingruppe erhält einen Tonkarton, auf den sie ihren Spielplan klebt. Zudem bekommt sie einen Würfel, ein Stück Kordel, etwas Knetmasse und jedes Kind eine Spielfigur.

Spielablauf
Die Spielfiguren stellen kleine Hexen und Zauberer dar, die eine Zauberprüfung ablegen sollen und auf ihrem Weg zum Zielpunkt, der Zauberschule, kräftig üben, aus dem Nichts Formen entstehen zu lassen.
Die Kinder stellen ihre Spielfiguren nebeneinander auf den großen Zauberstab, den Startpunkt. Nacheinander würfeln sie und rücken je nach Augenzahl mit ihrer Spielfigur auf dem spiralförmigen Weg auf den Zylindern in Richtung Zauberschule vor. Immer wenn ein Kind statt auf einen Zylinder auf eine der Formen stößt, muss es die Form benennen und sie entweder

- aus einem Stück Kordel legen,
- sie mit Kindern auf dem Boden nachlegen (z. B.: aus vier Kindern wird ein Quadrat oder ein Rechteck, wenn die Kinder an den Seiten die Beine anziehen, aus drei Kindern ein Dreieck, aus zwei Kindern oder mehr ein Kreis) oder
- die Form aus Knetmasse kneten.

Das Kind, das als Erstes mit seiner Spielfigur in der Zauberschule landet, gewinnt das Spiel!

ZIEL
Start

Gleiche Formen finden

Alter: ab 4 Jahren
Material: 1 Formen-Box (➜ S. 30) pro Kind, „Punkt und Linie, Dreieck, Viereck" (◎ Nr. 6) oder Bewegungsmusik

Je vier Kinder verteilen alle Formen aus ihren Boxen auf einem Tisch, um den sie sich herumstellen. Die Spielleitung stellt die Musik an, woraufhin jedes Kind möglichst schnell viele gleiche Formen vor sich auf dem Tisch stapelt. Das Spiel ist beendet, wenn das Lied zu Ende ist oder alle Formen sortiert sind. Das Kind, das die meisten Formen finden konnte, gewinnt das Spiel.

Variante

Die Kleingruppen spielen nicht gegen-, sondern miteinander: Ein Kind sucht alle Kreise, ein zweites Kind alle Dreiecke, ein drittes Kind die Quadrate und ein viertes Kind sämtliche Rechtecke. Welche Gruppe schafft die Aufgabe, bevor die Musik beendet ist?

Formen-Detektive

Alter: ab 4 Jahren
Material: 2 gleiche Formen aus den Formen-Boxen (➜ S. 30) pro Kinderpaar

Die Kinder bilden Paare und erhalten eine Form, z. B. einen großen Kreis oder ein kleines Dreieck. Während nun die einzelnen Paare sich gegenseitig die Hände geben und ihre Augen schließen, versteckt die Spielleitung von jedem Paar die gleiche Form im Raum.
Anschließend bittet sie die einzelnen Paare wieder ihre Augen zu öffnen und nach ihrer Form im Raum zu suchen. Entdeckt ein Paar eine Form, vergleicht es diese mit der eigenen. Passen die Formen nicht zueinander, bewahrt das Paar Stillschweigen und setzt die Suche nach der zweiten gleichen Form fort. Das Paar, das als erstes sein passendes Gegenstück findet, hat gewonnen!

Wie viele Dreiecke gibt es?

Alter: ab 4 Jahren
Material: je 1 roter, blauer, gelber und grüner DIN-A4-Tonkarton und 1 schwarzer DIN-A3-Tonkarton pro Kleingruppe, 1 Formen-Box (➔ S. 30) pro Kind, Bleistifte, Klebestifte

Je vier bis sechs Kinder bilden eine Gruppe und holen sich die fünf verschiedenfarbigen Tonkartonbögen. Sie wählen für die Kreise, Dreiecke, Quadrate und Rechtecke jeweils eine Farbe aus (außer Schwarz) und legen dazu die einzelnen Formen auf den entsprechenden Karton.
Sie zeichnen die Umrisse der einzelnen Formen bis zu sechsmal auf.
Sie schneiden die einzelnen Formen aus und legen ein Muster oder einfache Figuren wie ein Haus aus bunten Rechtecken und Dreiecken auf den schwarzen Fotokarton. Sie kleben ihre Formen auf und hängen die Kunstwerke auf.

Variante für ältere Kinder

Ein Kind schaut sich eines der aufgehängten Kunstwerke genauer an und fragt eine der Gruppen z. B.: *„Wie viele Kreise gibt es auf eurem Blatt?“* Eines der Kinder aus der Gruppe, das die Frage richtig beantworten kann, denkt sich eine neue Frage für eine andere Gruppe aus, z. B.:

„Wie viele Dreiecke, Quadrate und Rechtecke gibt es insgesamt?“
„Von welcher Form sind die meisten vorhanden?“
„Gibt es mehr große Kreise als Dreiecke?“
„Welche Form hat keine Ecken? Wie viele gibt es davon?“
„Wie viele kleine Formen sind insgesamt zu sehen?“

Fünf Kreise und zwei Quadrate

Alter: ab 5 Jahren
Material: 3 Formen-Boxen (➔ S. 30), 1 Gymnastikreifen, Eieruhr

Die Hälfte der Kinder sitzt im Stuhlkreis. Jedes Kind erhält zwei bis drei unterschiedliche Formen, die es z. B. auf seinen Oberschenkel, auf den Schuh, auf die Schultern oder auf den Kopf legt. In der Kreismitte platziert die Spielleitung einen Reifen.
Alle übrigen Kinder begeben sich ebenfalls in die Kreismitte und erhalten die Aufgabe, z. B. fünf Kreise und zwei Quadrate innerhalb einer Minute in den Reifen zu legen. Wurden zu viele Formen gesammelt, bringen die Kinder diese schnell wieder zu den Kindern auf der Kreisbahn zurück. Am Ende zählt nur das, was sich im Reifen befindet. Schaffen es die Kinder, die Aufgabe zu erfüllen, bevor die Eieruhr klingelt? Falls ja, erhalten sie eine Form.
Danach tauschen die beiden Gruppen miteinander ihre Plätze und wiederholen das Spiel. Nach vier bis fünf Durchgängen werden die Formen der einzelnen Gruppen zusammengezählt. Welche Gruppe hat die meisten Formen gesammelt?

Schwer, leicht, lang und kurz

Wiegen, messen, schätzen und vergleichen

Ob beim Einkaufen, Kuchen backen, Basteln oder Werken – der Alltag bietet für Kinder genügend Möglichkeiten, um die unterschiedlichsten Dinge zu wiegen, zu messen, zu schätzen und miteinander zu vergleichen. Außerdem haben die meisten Einrichtungen einen Kaufladen, zu dem in der Regel eine Waage, vielleicht sogar mit zwei abnehmbaren Waagschalen und Metallgewichten, gehört. Sie eignet sich hervorragend, um die unterschiedlichsten Dinge wie Sand, Kieselsteine oder Tannenzapfen zu wiegen und Gewichte zu erkennen. Auch können die Kinder unterschiedliche Mengen wie fünf Walnüsse und drei Haselnüsse wiegen und miteinander vergleichen. Dabei finden sie schnell heraus, was schwerer oder leichter ist und merken, was sie tun müssen, um die Waage ins Gleichgewicht zu bringen.

Auch eine Personenwaage kann ein fester Bestandteil im Gruppenraum sein. Dabei können die Kinder nicht nur sich selbst, sondern auch größere Gegenstände wie z. B. die Bauklotzkiste oder ein paar Bücher wiegen. Auch machen sich die Kinder erfahrungsgemäß mit Begeisterung auf die Suche nach weiteren Möglichkeiten zum Wiegen oder Messen wie z. B. einer Küchenwaage, unterschiedlichen Messbechern, einem Meterstab, einem Maßband, einer Stoppuhr usw., bei denen die Kinder ganz nebenbei mit Zahlen konfrontiert werden.

Die folgenden Spiele und Lieder laden zum Schätzen, Wiegen, Messen und Vergleichen ein. Sie machen Spaß, fördern das rechnerische Denken und sind eine gute Möglichkeit, um die einzelnen Kinder mit Begriffen wie Gewicht, Volumen, Länge und Breite vertraut zu machen.

Jack und Jill

Nr. 5

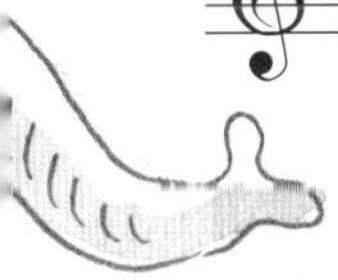

1. Jack und Jill, ein Elefant und eine Maus,
Gut gelaunt, so gehen sie aus ihrem Haus.
Schaut am Baum, da hängt ein dicker Apfel dran.
Sag mir nur: Wer kommt von beiden besser ran?

Refrain:
Groß ist der Elefant,
Klein die Maus wie deine Hand.
Schwer ist das Rüsseltier,
Flink, so rennt die Maus zu dir!

2. Jack und Jill, ein Elefant und eine Maus,
Gut gelaunt, so gehen sie aus ihrem Haus.
Ach du Schreck, ein Euro fällt in einen Ritz.
Sag mir nur: Wer holt ihn schneller als der Blitz?

Refrain: Groß ist der Elefant …

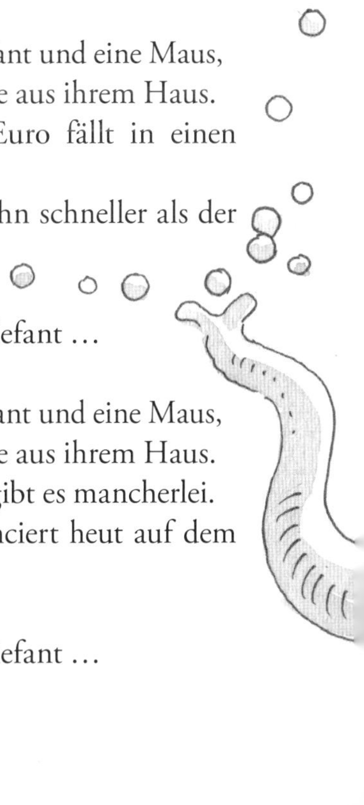

3. Jack und Jill, ein Elefant und eine Maus,
Gut gelaunt, so gehen sie aus ihrem Haus.
Auch im Zirkus, ja, da gibt es mancherlei.
Sag mir nur: Wer balanciert heut auf dem Seil?

Refrain: Groß ist der Elefant …

4. Jack und Jill, ein Elefant und eine Maus,
Gut gelaunt, so gehen sie aus ihrem Haus.
Und zum Schluss, da bleibt mir eine Frage noch:
Sag mir nur: Wer hebt den anderen leichter hoch?

Refrain: Groß ist der Elefant …

Ein Kind spielt den Elefanten und ein anderes die Maus. Alle anderen Kinder bilden einen Kreis um die beiden herum und singen gemeinsam den **Refrain**. Dabei fasst das Elefanten-Kind mit der rechten Hand an seine Nase und führt den linken Unterarm als Rüssel durch den entstandenen Ring, während es schwerfällig im Kreis herumgeht. Das Mäuse-Kind krabbelt auf allen Vieren schnell durch den Kreis. Die Kinder auf der Kreisbahn gehen im Rhythmus auf der Stelle. Zusätzlich machen sie folgende Bewegungen:
Groß ist der Elefant,
beide Arme weit nach oben strecken
Klein die Maus wie deine Hand.
eine Hand in die Höhe halten
Schwer ist das Rüsseltier,
breitbeinig mit schweren Schritten im Seemannsgang auf der Stelle gehen, Hände in die Seiten gestemmt
Flink, so rennt die Maus zu dir!
Zeige- und Mittelfinger rasch auf dem Oberschenkel zum Knie bewegen

Die Strophen singen ebenfalls alle gemeinsam. Bei *„Sag mir nur …"* raten sie, ob Elefant oder Maus gemeint ist und warum. Sie führen die entsprechende Aktion pantomimisch aus:
1. Strophe: Die Kinder deuten nach oben auf den imaginären Apfel. Sie formen einen Elefantenrüssel, machen sich groß und strecken ihren Rüssel in Richtung Decke. Als Maus gehen sie in die Hocke und strecken ihre angewinkelten Arme nach oben aus.
2. Strophe: Als Elefant machen die Kinder einen Rüssel, bleiben stehen und beugen sich mit durchgestreckten Knien soweit wie möglich mit dem Rüssel zum Boden. Als Maus machen sie sich ganz klein, sodass sie mit den Händen den Boden ganz leicht berühren können.
3. Strophe: Die Kinder machen einen Rüssel und balancieren auf ihrem Platz, wobei sie mit ihrem Körper hin und her wackeln. Als Maus krabbeln sie schnurgerade zur Kreismitte und wieder auf ihren Platz zurück.
4. Strophe: Die Kinder machen einen Rüssel, stehen breitbeinig auf ihrem Platz und deuten mit ihrem Rüssel auf ihre Muskeln. Als Maus hocken sie sich zusammengekauert auf den Boden und tun so, als wollten sie ganz angestrengt einen Elefanten hochheben.

Bist du größer als ich?

Bei diesem Spiel geht es um einfache Längenvergleiche, bei denen die Größenvorstellung gefördert und der Zweck von Messgeräten für genaue Messergebnisse erkannt wird.

Alter: ab 4 Jahren
Material: 1 weiße Papierrolle, Maßband, Filzstifte, „Jack und Jill" (◎ Nr. 5) oder Bewegungsmusik

Vorbereitung
Die Spielleitung schneidet ein 1,50 m langes Stück Papier von der Rolle ab. Die Kinder stellen daraus mithilfe der Spielleitung eine einfache Messlatte her. Sie falten das Papier einmal längs in der Mitte zusammen und wieder auseinander. Die entstandene senkrechte Mittelinie malen sie mit einem dicken schwarzen Strich nach. An diese Linie zeichnen sie mithilfe eines Maßbands alle 10 cm einen waagerechten Strich.
Auf die gleiche Weise kennzeichnen sie die drei halben Meter, jedoch mit einem größeren waagrechten Strich. Zur besseren Unterscheidung benutzen sie dazu unterschiedliche Farben. Neben jeden Strich schreibt die Spielleitung die dazugehörige Zahl. Direkt über dem Boden hängt die Spielleitung die Messlatte an einer Wand auf.

Spielablauf
Bis auf zwei Kinder bilden alle einen Stuhlkreis. Zum Rhythmus der Musik bewegen sich die beiden Kinder durch den Innenkreis. Bei Musikstopp springen alle Kinder auf, um schnell einen neuen Platz zu suchen. Dabei setzen sich auch die beiden Kinder in der Mitte auf einen frei gewordenen Stuhl. Die zwei, die keinen Platz finden, bleiben in der Mitte stehen und reichen sich gegenseitig die Hände. Die Kinder im Kreis äußern ihre Vermutung, wer von beiden größer ist. Zur Kontrolle stellen sich die beiden Kinder zunächst Rücken an Rücken und dann nacheinander an die Messlatte, um sich gegenseitig zu messen. Danach beginnt eine neue Spielrunde mit Musik.

Varianten

Welches der beiden Kinder in der Mitte …

- … trägt größere Schuhe? Zur Kontrolle werden die Schuhe der beiden Kinder nebeneinandergestellt und die Schuhnummern miteinander verglichen.
- … hat kleinere Hände? Zur Kontrolle legen die Kinder ihre Hände flach aufeinander.
- … hat die längeren Arme? Zur Kontrolle stellen sich die Kinder Schulter an Schulter nebeneinander und strecken die Arme waagerecht nach vorn aus.

Mehr als ein Meter

Alter: ab 5 Jahren
Material: 1 weißes Stoffband, Maßband, schwarze Stoffmalfarbe, Bauklötze

Vorbereitung
Die Kinder fertigen mithilfe der Spielleitung ein Ein-Meter-Maßband an, indem sie auf einem Stoffband Zentimeterangaben in Zehnerschritten in Form von waagrechten Strichen machen.

Spielablauf
Damit sich die Kinder eine Vorstellung von einem Meter machen können, legen sie direkt neben dem ausgebreiteten Maßband mehrere Bauklötze der Reihe nach auf den Boden, bis sie genau einen Meter ergeben.
Die Kinder gehen im Raum spazieren auf der Suche nach etwas, das länger als ein Meter ist, z. B. ein Schrank, eine Tischplatte, eine Tür oder ein Fensterbrett. Konnten alle Kinder etwas finden, führen sie sich nacheinander zu ihren Gegenständen und messen zur Kontrolle mit ihrem Maßband nach. Ist tatsächlich alles länger als ein Meter?
In einer zweiten Runde suchen die Kinder nach Dingen, die kürzer als ein Meter sind.

Wie lang ist das?

Alter: ab 6 Jahren
Material: weiße Tonkartonbögen, Lineal, 1 dünner Filzstift, Schreibsachen, selbst härtende Modelliermasse

Vorbereitung
Die Spielleitung fertigt für jedes Kind ein 10 cm langes und 2 cm breites Lineal an, das ausschließlich aus Zentimeterangaben besteht. Sie laminiert jedes Lineal und schneidet alle aus.
Für das folgende Spiel bereitet sie Materialien für vier Stationen vor:
1. Station: Sie schneidet sechs Papierstreifen zu, die alle 2 cm breit und zwischen 1 und 10 cm lang sind.
2. Station: Sie legt sechs Gegenstände bereit, die zwischen 1 und 10 cm lang sind, z. B. ein Radiergummi, ein Bleistift, eine Diskette, ein Notizblatt, ein Kartonstreifen …
3. Station: Auf einem weißen Tonkarton zeichnet sie sechs Linien, die zwischen 1 und 10 cm lang sind.
4. Station: Aus Modelliermasse formt sie sechs Würste zwischen 1 und 10 cm.

Spielablauf
Die Spielleitung baut die vier Stationen auf, indem sie die o. g. Materialien auf jeweils einem Tisch bereitstellt. Die Kinder bilden vier gleich große Gruppen, die sich um je einen der Tische herumstellen. Jedes Kind erhält zusätzlich eines der Lineale.
Die Spielleitung fragt z. B.: *„Welche Gruppe hat etwas, das 8 cm lang ist?“* Die Kinder messen die einzelnen Dinge auf ihrem Tisch. Die Gruppe, die glaubt etwas gefunden zu haben, meldet sich. Zur Kontrolle misst ein Kind aus einer anderen Gruppe nach. Danach sucht sich jede Gruppe eine neue Station aus, sodass das Spiel mit einer neuen Zentimeterangabe von vorn beginnt.

Welches ist das Längste?

Alter: ab 4 Jahren
Material: 3 verschieden lange Buntstifte pro Kind

Jeweils sechs Kinder sitzen um einen Tisch herum, auf dem 18 unterschiedlich lange Buntstifte liegen. Auf ein Signal der Spielleitung suchen alle Kinder jeweils drei unterschiedlich lange Stifte heraus, die sie nach ihrer Größe sortieren und vor sich auf den Tisch legen.
Konnten alle Kinder die Aufgabe erfüllen, versuchen sie als Nächstes herauszufinden, wer von ihnen im Besitz des längsten Stiftes ist. Alle Kinder legen dazu ihren längsten Stift in die Tischmitte und ermitteln so den längsten Buntstift!

Bauklotz-Vermessung

Alter: ab 5 Jahren
Material: 6 rechteckige Bauklötze (max. 10 cm lang), Schreibsachen, 1 selbst hergestelltes Lineal (s. o. „Wie lang ist das?") pro Kleingruppe

Vorbereitung
Die Spielleitung zeichnet die Länge der einzelnen Bauklötze als Linien auf jeweils ein Blatt Papier auf und verteilt die Blätter auf sechs Tische.

Spielablauf
Die Kinder gehen zu zweit oder zu dritt zusammen und erhalten für ihre Gruppe einen der Bauklötze sowie ein Lineal.
Auf ein Signal der Spielleitung suchen alle Kinder eine Linie, die genauso lang ist wie ihr Bauklotz. Zur Kontrolle messen sie die Länge der Linie und ihres Bauklotzes nach. Sind beide gleich lang?

Elefant und Maus

Alter: ab 4 Jahren
Material: 1 Softball, „Jack und Jill" (◎ Nr. 5); evtl. Tonkarton

Vorbereitung
Die Spielleitung kopiert die Abbildung von S. 48 deutlich vergrößert. Sie schneidet die Tiere auseinander und laminiert sie oder verstärkt sie mit Tonkarton.

Spielablauf
Die Kinder stehen im Kreis und erhalten einen Softball. In die Kreismitte legt die Spielleitung die beiden Tiere.
Zum Rhythmus der Musik geben die Kinder den Softball von Hand zu Hand im Uhrzeigersinn herum. Bei Musikstopp fragt die Spielleitung das Kind, das gerade den Ball in den Händen hält: *„Wer ist größer? Der Elefant oder die Maus?"* Das Kind schaut auf die beiden Tiere und beantwortet die Frage. Stimmt die Antwort, schaltet die Spielleitung die Musik wieder ein und das Spiel wird fortgesetzt. Ansonsten dürfen die anderen Kinder behilflich sein und die Antwort berichtigen. In den folgenden Runden fragt die Spielleitung z. B.:

- *„Wer ist schwerer?"*
- *„Wer ist leichter?"*
- *„Wer hat größere Ohren?"*
- *„Wer hat einen kleineren Schwanz?"*

Wie warm ist der Ententeich?

Das folgende Spiel eignet sich hervorragend für einen warmen Sommertag im Garten, bei dem nach Herzenslust mit Wasser geplanscht werden kann.

Alter: ab 4 Jahren
Material: 3 kleine Wannen, 3 Thermometer; evtl. 6–8 kleinere Schüsseln

Die Spielleitung füllt im Freien drei kleine Wannen mit Wasser: eine mit kaltem (nicht eiskaltem), eine mit lauwarmem und eine mit warmem (nicht heißem) Wasser. Währenddessen bilden die Kinder um die drei Wannen einen Kreis und ziehen Schuhe und Strümpfe aus.
Die Spielleitung spielt eine Entenmutter, die ihre Küken von einem Teich in den anderen führt. Dazu watscheln die Küken-Kinder der Spielleitung so lange hinterher, bis diese wieder mit ihnen einen Kreis um die drei Wannen herum bildet.
Die Spielleitung fragt die Kinder, in welcher der drei Wannen sich das wärmste und in welcher sich das kälteste Wasser befindet. Die Kinder geben jeweils einen Tipp ab. Zur Kontrolle messen drei Kinder die Wassertemperatur in den einzelnen Wannen mit einem Thermometer. Nach einer Weile holen sie ihre Thermometer wieder aus den Wan-

nen heraus, um sie miteinander zu vergleichen. Anhand der Quecksilbersäule können sie jetzt leicht erkennen, welcher „Teich“ kalt, lauwarm und welcher warm ist.

Variante für ältere Kinder

Die Kinder machen ein Stationenspiel. Dazu verteilt die Spielleitung sechs bis acht kleinere Schüsseln mit unterschiedlichen Wassertemperaturen auf dem Boden. Die Kinder messen die Temperaturen und sortieren die Schüsseln in der Reihenfolge von kalt nach warm.

Strohhalme schätzen

Alter: ab 5 Jahren
Material: 10 unterschiedlich lange Strohhalme und 1 selbst hergestelltes Lineal (→ S. 46 „Wie lang ist das?“) für je 5 Kinder, Notizzettel, Bleistift

Vorbereitung

Die Spielleitung legt zehn Strohhalme in eine Reihe. Sie schneidet sie so zu, dass der erste Strohhalm 10 cm lang ist und alle weiteren Halme jeweils 1 cm kürzer sind als der vorherige, sodass alle Zentimetereinheiten von eins bis zehn einmal vorhanden sind.
Zusätzlich schreibt sie auf je ein Notizblatt die Zahlen von eins bis zehn.

Spielablauf

Die Spielleitung legt auf einem Tisch die Notizblätter durcheinander als Stapel bereit, sodass die Zahlen verdeckt sind. Daneben legt sie die zehn unterschiedlich langen Strohhalmstücke auf einen Haufen.
Fünf Kinder setzen sich um den Tisch herum. Ein Kind nimmt sich das oberste Blatt vom Stapel und liest laut die Zahl vor. Es sucht sich nach Augenmaß das Strohhalmstück mit der entsprechenden Länge aus und misst nach. Stimmt die Länge des Strohhalms tatsächlich mit der Zahl überein, darf es den Strohhalm und den Zettel behalten. Ansonsten legt es den Strohhalm wieder auf seinen Ausgangsplatz und schiebt den Zettel zurück unter den Stapel.
Reihum decken die Kinder abwechselnd eine Zahl vom Stapel auf, schätzen und messen nach. Sind alle Strohhalme vergeben, zählen die Kinder ihre Strohhalme. Wer von ihnen hat die meisten gesammelt?

Länger, kürzer oder gleich lang?

Alter: ab 5 Jahren
Material: 1 selbst hergestelltes Lineal (→ S. 46 „Wie lang ist das?“) pro Kind

Die Kinder erhalten jeweils ein Lineal und suchen insgesamt zehn Dinge im Raum aus, die nicht länger als 10 cm sind. Sie bilden einen Stuhlkreis und legen die gefundenen Sachen in die Mitte.
Ein Kind nimmt sich z. B. einen Bauklotz aus der Stuhlkreismitte und bittet ein weiteres Kind, sich einen längeren Gegenstand zu holen. Dieses nimmt sich z. B. ein Blatt Papier. Zur Kontrolle legen die beiden Kinder ihre Sachen direkt nebeneinander. Ist der zweite Gegenstand nicht länger als der erste, ist die Gruppe gefragt, ob er kürzer oder gleich lang ist. Danach legen beide Kinder ihre Sachen wieder auf ihren Ausgangsplatz und eine neue Spielrunde beginnt.

Körpermaße vergleichen

Alter: ab 6 Jahren
Material: 1 große Papierrolle, Wachsmalstifte, 1 selbst hergestelltes Lineal (➜ S. 46 „Wie lang ist das?“) pro Kinderpaar; evtl. 1 Maßband pro Kinderpaar

Vorbereitung
Die Kinder bilden Paare. Sie erhalten zwei Papierbögen in Körpergröße, zwei Wachsmalstifte und ein Lineal. Ein Kind legt sich mit dem Rücken auf sein Papier und achtet darauf, dass sich die Beine nicht berühren. Die Arme legt es leicht gebeugt neben den Oberkörper. Sein Partner zeichnet seine Körperumrisse auf dem Papier nach. Anschließend wechseln die beiden Kinder ihre Rollen.

Spielablauf
Sind alle Körperumrisse fertiggestellt, nennt die Spielleitung ein Körperteil, z. B. das Handgelenk. Jedes Kind misst die Breite seines gezeichneten Handgelenks nach und schreibt die Zahl daneben auf das Papier. Die Spielleitung nennt weitere Körperteile wie den Oberarm, das Knie oder den Kopf und die Kinder setzen das Spiel auf die gleiche Art fort. Nach drei Durchgängen setzt sich jedes Kind vor seinen Körperumriss, um die einzelnen Körperstellen mit den Zentimeterangaben zu vergleichen.

Variante
Die Kinder bilden Paare und messen mit einem Maßband gegenseitig z. B. den Umfang ihres Handgelenks, ihres Oberschenkels oder des Bauchs.

Wasserstaffel

Das folgende Spiel eignet sich besonders gut für einen warmen Tag im Freien.

Alter: ab 5 Jahren
Material: 15 Kegel (oder Gymnastikreifen), 3 Ein-Liter-Messbecher mit Henkel

Die Kinder stellen in gleich großen Abständen jeweils fünf Kegel nebeneinander auf, sodass drei Reihen entstehen. Die Kinder bilden drei gleich große Gruppen, die sich nebeneinander vor je einem Kegel aufstellen. Die ersten Kinder aus jeder Gruppe erhalten jeweils einen Messbecher, in den sie 1 l Wasser füllen.
Auf ein Startzeichen der Spielleitung gehen die ersten Kinder aus jeder Gruppe mit dem Messbecher in der Hand im Slalom um die Kegel herum. Dabei achten sie darauf, möglichst wenig Wasser zu verschütten. Am Ende der Kegelreihe gehen sie so schnell wie möglich den ganzen Weg im Slalom wieder zurück und übergeben den Messbecher dem nächsten Kind aus ihrer Gruppe, das den Vorgang wiederholt.
Sobald alle Kinder wieder auf ihrem Ausgangsplatz stehen, vergleichen sie den Inhalt ihrer Messbecher: Welche Gruppe hat am wenigsten Wasser verschüttet?

Im Supermarkt

Nr. 10

Dies ist ein Aufzähllied, bei dem die Kinder in jeder Strophe den vorherigen Gegenstand wiederholen und einen neuen hinzufügen, bis sie am Ende alle acht Dinge hintereinander aufzählen.

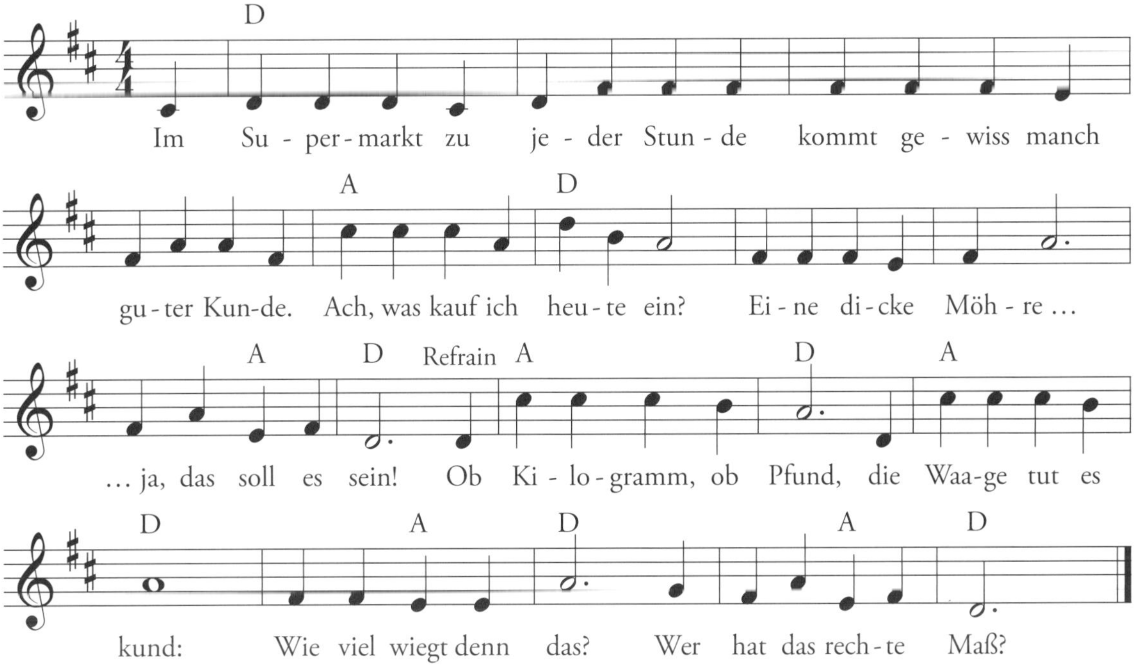

Im Supermarkt zu jeder Stunde
Kommt gewiss manch guter Kunde.

Ach, was kauf ich heute ein?
Eine dicke Möhre …
… Hundert Gramm Schokolade …
… Zwei Bio-Bananen …
… 20 Radieschen …
… Ein Pfund Tomaten …
… Sechs große Orangen …
… Ein Kilogramm Äpfel …
… Fünf Kilogramm Kartoffeln …
… Ja, das soll es sein!

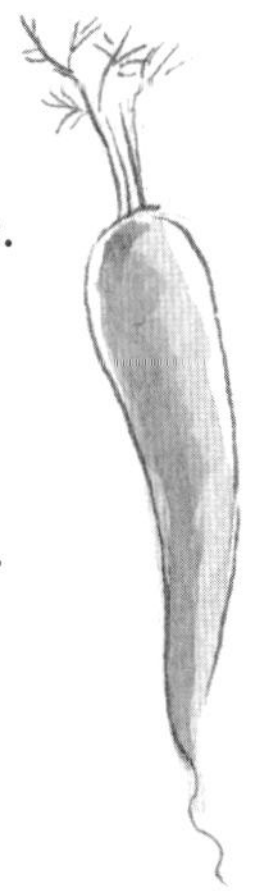

Refrain:
Ob Kilogramm, ob Pfund,
Die Waage tut es kund:
Wie viel wiegt denn das?
Wer hat das rechte Maß?

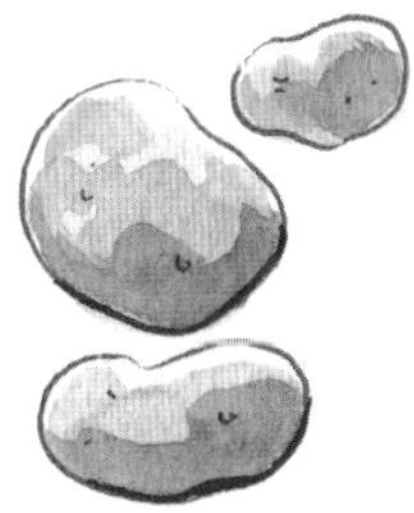

Die Kinder stehen im Kreis beisammen und gehen zu den ersten beiden Zeilen auf der Stelle. Dann bleiben sie stehen und deuten pantomimisch an, was sie kaufen wollen:

Eine dicke Möhre	mit den Händen einen dicken Bauch andeuten
Hundert Gramm Schokolade	eine Tafel Schokolade in die Luft zeichnen
Zwei Bio-Bananen	mit den Fingern die Zahl Zwei zeigen
20 Radieschen	zweimal mit allen zehn Fingern die Zahl Zwanzig zeigen
Ein Pfund Tomaten	eine große Schale mit den Händen andeuten
Sechs große Orangen	mit den Fingern die Zahl Sechs zeigen
Ein Kilogramm Äpfel	eine Kiste tragen
Fünf Kilogramm Kartoffeln	eine sehr schwere Kiste tragen und dabei in die Knie gehen

Zum **Refrain** kratzen sich die Kinder nachdenklich am Kopf. Zum Abschluss wiederholen sie noch einmal die gesamte Einkaufsliste und zählen diesmal mit ihren Fingern die Lebensmittel. Wer weiß am Ende, wie viele verschiedene Lebensmittel auf dem Einkaufszettel stehen?

Messwerkzeuge

Alter: ab 5 Jahren
Material: unterschiedliche Messwerkzeuge (z. B. Zollstock, Lineal, Meterband, Personenwaage, Küchenwaage, Waage mit zwei Waagschalen, Briefwaage oder Messbecher)

Vorbereitung
Die Spielleitung stellt viele Tische im Raum bereit und legt auf jeden Tisch ein Messwerkzeug, sodass verschiedene Stationen entstehen. Auf einem weiteren Tisch legt sie unterschiedlichste Gegenstände bereit, die mit den Messgeräten gemessen werden können.

Spielablauf
Die Kinder gehen gemeinsam mit der Spielleitung von Station zu Station. An den einzelnen Tischen erzählen die Kinder, was sie über das Messgerät wissen und die Spielleitung ergänzt oder berichtigt die Aussagen. Auf diese Weise erfahren die Kinder, dass z. B. eine Personenwaage in erster Linie zum Wiegen von Menschen geeignet ist, während sich für leichtere Dinge wie z. B. Nahrungsmittel die Küchenwaage oder eine Waage mit Metallgewichten anbietet.
Jedes Messgerät kommt zum Testeinsatz, indem jeweils ein Kind einen Gegenstand von dem letzten Tisch aussucht, der sich zum Messen eignen könnte. Passt der Kieselstein zur Briefwaage oder das Blatt Papier zur Personenwaage? Und was lässt sich am besten mit dem Zollstock messen?

Liter, Kilogramm, Gramm

Bei diesem Spiel lernen die Kinder unterschiedliche Mengenangaben kennen.

Alter: ab 5 Jahren
Material: 10 DIN-A5 Tonkartonbögen, Werbeprospekte mit Supermarktartikeln, Klebstoff, 1 dicker schwarzer Filzstift, „Im Supermarkt" (◎ Nr. 10)

Vorbereitung
Die Kinder falten jeden Tonkarton einmal quer in der Mitte. Sie schneiden verschiedene Artikel aus, von denen sie jeweils einen auf jeden Tonkarton kleben. Die Spielleitung schreibt passend zu den Bildern entweder die Anzahl oder die geschätzte Menge an Gramm, Kilogramm oder Litern.
Die Bögen werden wie Tischkarten aufgestellt, sodass Bilder und Zahlen mit der Maßeinheit (kg, g oder l) gut zu erkennen sind.

Spielablauf
Die Spielleitung schaltet die Musik ein, zu deren Rhythmus die Kinder durch den Raum gehen. Bei Musikstopp bleiben alle Kinder stehen. Die Spielleitung wiederholt die ersten drei Zeilen des Liedes:
„Im Supermarkt zu jeder Stunde
Kommt gewiss manch guter Kunde.
Ach, was kauf ich heute ein?"
Entsprechend einer der Abbildungen fügt sie z. B. hinzu: *„Ich kaufe drei Bananen!"* Die Kinder halten nach der passenden Karte Ausschau und zeigen mit dem Finger darauf. Zeigen alle Kinder auf die richtige Karte, schaltet die Spielleitung wieder die Musik ein für die nächste Spielrunde.

Was kauf ich heute ein?

Alter: ab 4 Jahren
Material: „Im Supermarkt“ (➜ S. 51)

Alle Kinder sitzen im Stuhlkreis beisammen und ein Kind geht in die Mitte. Während es überlegt, welches Lebensmittel es einkaufen möchte, singen alle Kinder die ersten drei Zeilen des Liedes. Daraufhin sagt das Kind z. B.: *„Ich kaufe 1 kg Bananen.“* Es wechselt mit einem anderen Kind den Platz, das sich in der Kreismitte ebenfalls überlegt, was es kaufen will. Währenddessen singen alle Kinder erneut die ersten drei Zeilen des Liedes. Anschließend sagt es z. B.: *„Ich kaufe 100 g Schokolade.“* Auf diese Weise wird das Spiel immer weitergeführt, bis alle Kinder in der Kreismitte stehen und „einkaufen“ konnten.

Variante für ältere Kinder

Das Spiel verläuft ähnlich wie das bekannte Spiel „Kofferpacken“: Nacheinander teilen die Kinder im Kreis mit, was sie gerne einkaufen möchten. Zwischen den Dingen, die sie einpacken, singen sie stets den Refrain, bevor das nächste Kind im Kreis sämtliche genannten Dinge wiederholt und etwas Neues hinzufügt. Wer etwas vergisst oder nicht weiter weiß, setzt sich in die Kreismitte. Welches Kind hat das beste „Einkaufsgedächtnis“?

Obst auf der Waage

Alter: ab 5 Jahren
Material: 1 Küchenwaage, mehrere Äpfel, Birnen und Bananen, Schreibsachen, 1 Glasstein pro Kind, Schneidebrett, Messer, 2 Zitronen, 1 Schälchen pro Kind

Während die Spielleitung eine Küchenwaage auf den Tisch stellt, holt sich jedes Kind ein Stück Obst.
Alle Kinder, die einen Apfel gewählt haben, legen ihn auf den Tisch. Sie vergleichen die Äpfel und schätzen, welcher am schwersten ist. Die Spielleitung notiert den Tipp jedes Kindes. Zur Kontrolle wiegen die Kinder nacheinander ihre Äpfel. Jedes Kind, das richtig getippt hat, erhält einen Glasstein.
Anschließend setzen die Kinder, die sich für eine Birne entschieden haben, das Spiel auf die gleiche Art mit ihren Birnen fort, bevor die Bananen-Kinder an der Reihe sind. Welche der drei Gruppen konnte die meisten Glassteine ergattern?
Am Ende bereiten die Kinder gemeinsam einen Obstsalat zu, der mit Zitronensaft verfeinert wird. Damit der Obstsalat gerecht verteilt wird, wiegen die Kinder jedes Schälchen mit der Küchenwaage ab.

Leicht oder schwer?

Alter: ab 4 Jahren
Material: 1 Gegenstand pro Kind (die Hälfte der Gegenstände sind schwer, z. B. Steine, die anderen leicht, z. B. Federn), 1 Handtrommel

Jedes Kind bekommt einen der Gegenstände. Zum Rhythmus der Trommel bewegen sich alle Kinder durch den Raum und tauschen dabei ihre Gegenstände aus. Stoppt das Trommelspiel, bleiben alle stehen und müssen schnell reagieren: Halten sie einen leichten Gegenstand in der Hand, strecken sie ihre Hand mit dem Gegenstand über den Kopf und rufen: *„Leicht"*; wer einen schweren Gegenstand hat, lässt seine Hände mit ihm zu Boden sinken und ruft: *„Schwer!"*

Variante

Die Kinder spielen mit langen und kurzen Gegenständen, die je nach Größe entweder in die Höhe oder in Richtung Boden gehalten werden.

Im Gleichgewicht

Alter: ab 4 Jahren
Material: 2 Waagen mit jeweils 2 Waagschalen, viele kleine Gegenstände (Bauklötze, Perlen, Papier, Bleistifte …)

Die Kinder bilden zwei gleich große Gruppen und jede bekommt eine Waage sowie jede Menge kleine Gegenstände. Jede Gruppe stellt ihre Waage auf einen Tisch und legt die Sachen verteilt darum herum.
Auf ein Startzeichen der Spielleitung legen die Kinder jeder Gruppe reihum jeweils einen Gegenstand in eine der beiden Waagschalen. Dabei versuchen die Kinder, so schnell wie möglich ein Gleichgewicht zu erzielen. Wie viele Gegenstände sie dazu letztendlich verwenden, spielt keine Rolle. Die Gruppe, die als Erste eine Balance findet, ist Sieger.

In der Drogerie

Alter: ab 5 Jahren
Material für 3–6 Kinder: 1 DIN-A3-Tonkarton, Klebstoff, 1 Spielfigur und 1 Stofftasche pro Kind, 1 Würfel, 1 Küchenwaage, 6 Drogerie-Produkte (zwischen 100 g und 1 kg, z. B. 1 Flasche Badeöl, Haarshampoo, Cremedose, 1 Zahnpastatube, Papiertaschentücher und Waschmittel), 6 Kieselsteine

Vorbereitung
Die Spielleitung kopiert den Spielplan auf DIN A3 vergrößert und klebt ihn auf den Tonkarton.

Spielablauf
Jedes Kind erhält eine Spielfigur und eine Stofftasche. Neben dem Spielplan werden ein Würfel, eine Küchenwaage und die sechs Einkaufs-Gegenstände bereitgelegt. Die Kinder wiegen einmal alle Gegenstände und versuchen sich die Sachen zu merken, die besonders schwer sind.
Die Kinder stellen ihre Spielfiguren vor dem Startpunkt bei der Eingangstür auf. Die Kinder würfeln reihum und rücken entsprechend der Augenzahl einige Felder vor.
Gelangt ein Kind auf ein **Waage-Feld,** darf es einen der sechs Gegenstände abwiegen und pro 100 g ein Feld nach vorn rücken, also z. B. bei 250 g zwei Felder. Den Gegenstand legt das Kind in seine Tasche, denn jeder erwürfelte Gegenstand bringt am Ende einen extra Pluspunkt.
Bei den drei anderen **Sonderfeldern** liest die Spielleitung die passende Anleitung vor:
1. durchgestrichenes Seifenstück: *„Die Seife ist ausverkauft. Du gehst wieder nach Hause, um deine Eltern zu fragen, was du stattdessen kaufen sollst. Zurück zum Startpunkt!"*
2. Einkaufswagen: *„Du gerätst in einen Gang, der mit Einkaufswagen blockiert ist – einmal aussetzen."*
3. Toilettenpapier: *„Du findest das Toilettenpapier im Regal nicht. Du gehst drei Felder zurück um es im anderen Gang zu suchen."*
Jedes Kind spielt so lange, bis es im Ziel bei der Kasse ankommt. Der Erste erhält dafür drei Kieselstein-Sonderpunkte, der Zweite zwei Punkte, der Dritte einen Punkt und alle folgenden keinen Sonderpunkt. Am Ende zählen die Kinder die Kieselsteine und ihre Gegenstände in der Tasche zusammen: Wer hat die meisten Punkte gesammelt?

2,99
1,99
Seife
2,99
3,99
Start
Ziel

Was wiegt weniger als 100 g?

Alter: ab 5 Jahren
Material: 1 Küchenwaage, viele Gegenstände, die weniger als 100 g wiegen (Radiergummi, dünner Notizzettelblock …), viele Gegenstände, die zwischen 100 g und 1 kg wiegen (Buch, Flasche Wasser …), 2 Plastikteller und 1 Augenbinde pro Kinderpaar

Auf der Tischmitte platziert die Spielleitung eine Küchenwaage und darum herum durcheinander alle Gegenstände. Daneben werden zwei leere Tische aufgestellt.
Die Kinder wiegen nacheinander die verschiedenen Gegenstände ab und sortieren sie auf die beiden leeren Tische: Auf den einen kommen nur Dinge, die weniger als 100 g wiegen, und auf den anderen nur Gegenstände, die mehr als 100 g wiegen.
Am Ende vergleichen die Kinder noch einmal als „lebendige Waage" zwei Dinge in Paaren: Ein Kind streckt mit verbundenen Augen beide Arme zur Seite aus und bekommt auf jede Hand einen Plastikteller. Sein Partner sucht von jedem Tisch einen Gegenstand aus und füllt damit die beiden Teller. Kann das Kind sagen, welcher Gegenstand schwerer ist? Anschließend wechseln die Kinder die Rollen.

Wie schwer ist die Reisetasche?

Wir wollen verreisen und müssen dafür mit dem Flugzeug fliegen. Unsere Reisetasche ist gepackt, aber als wir sie noch schnell zu Hause wiegen, bevor es losgeht, stellen wir fest, dass sie viel schwerer ist als erlaubt! Leider ist die Zeit sehr knapp bis zum Abflug …

Alter: ab 5 Jahren
Material: 1 Personenwaage, 1 Reisetasche, Verkleidungskiste, Eieruhr

Vorbereitung
Die Spielleitung füllt die Reisetasche mit Utensilien aus der Verkleidungskiste, bis die Tasche mind. 6 kg wiegt.

Spielablauf
Die Spielleitung stellt die vollgepackte Reisetasche auf die Personenwaage. Die Kinder stellen sich in einer Schlange vor der Tasche auf. Auf ein Startsignal hin zieht das erste Kind in der Reihe schnell ein Kleidungsstück aus der Tasche, legt es in die Verkleidungskiste zurück und stellt sich wieder hinten in der Reihe an. Sobald es sein Teil aus der Tasche gezogen hat und zur Kiste läuft, nimmt das nächste Kind aus der Schlange ein Teil aus der Tasche usw. Schaffen es die Kinder, die Tasche innerhalb einer Minute so weit zu leeren, dass sie leichter ist als 5 kg?

Was ist leichter als ein Zapfen?

Alter: ab 5 Jahren
Material: 1 kleiner Naturgegenstand pro Kind, 1 Waage mit zwei Waagschalen

Die Kinder machen einen Spaziergang und suchen sich jeweils einen kleinen Naturgegenstand wie einen Zapfen, einen Kieselstein, eine Wurzel oder ein Pflanzenblatt.
Zurück in der Einrichtung stellen sie die Waage auf die Tischmitte und setzen sich mit ihren Naturmaterialien darum herum. Ein Kind sagt z. B.: *„Ich glaube, dass mein Zapfen schwerer ist als das Buchenblatt von Dominik!"* Zur Kontrolle legen beide Kinder ihre Gegenstände in eine Waagschale. Trifft die Aussage zu, darf *Dominik* das Spiel fortsetzen. Wenn nicht, macht das erste Kind einen neuen Versuch.

Bücher wiegen

Alter: ab 5 Jahren
Material: 1 Personenwaage, viele unterschiedlich schwere Bücher, Schreibsachen

Die Spielleitung stellt eine Personenwaage auf den Boden und die Kinder bilden einen Kreis darum herum. Zwei bis drei Kinder holen mehrere Bücher und stapeln sie auf der Waage, bis diese so genau wie möglich 5 kg anzeigt.
Die Kinder bilden drei gleich große Gruppen. Alle Gruppen stapeln gleichzeitig neben, vor und hinter der Waage mehrere Bücher übereinander, die nach ihrer Einschätzung insgesamt auf keinen Fall mehr, aber auch nicht viel weniger als 5 kg wiegen.
Sind alle drei Gruppen fertig, werden alle Stapel nacheinander gewogen. Die Ergebnisse notiert die Spielleitung auf einem Blatt Papier. Gewonnen hat die Gruppe, die der Fünf-Kilogramm-Marke am nächsten kommt, sie aber nicht überschritten hat!

Von der Sekunde zum Jahr

Die Zeit: Uhrzeiten und Jahreszeiten

Wie oft muss ich noch schlafen, bis ich Geburtstag habe? Um wie viel Uhr fängt die Geburtstagsparty an? Und wie lange dauert es, bis ich endlich in die Schule komme?
Es ist gar nicht so einfach, derartige Fragen hilfreich zu beantworten, denn für Kinder ist Zeit eine sehr schwer nachvollziehbare Größe.
Kleinkinder können die Zeit noch nicht richtig einschätzen. Sie finden sich jedoch gut in der emotionalen Zeit zurecht und wissen ganz genau, wie oft sie noch schlafen müssen, bis sie z. B. einen Ausflug in den Zoo machen dürfen. Zudem erleben sie insbesondere im Kindergarten viele Aktivitäten und Feste, die sich an den Jahreszeiten orientieren. So feiern sie z. B. Fasching im Winter, bemalen Ostereier im Frühjahr, gehen im Sommer ins Freibad und basteln im Herbst Drachen.

Die Uhr beherrschen Kinder i. d. R. erst bei Schulbeginn; Kindergartenkinder können jedoch bereits gewisse Uhrzeiten lernen, z. B. wann es Frühstück gibt, wann sie zum Turnen gehen oder zu Hause sein müssen. Es ist wichtig, dass es sich hierbei um volle oder halbe Stunden handelt.
Hilfreich sind dazu analoge Uhren: Hier erkennen die Kinder gut, wann der große Zeiger z. B. auf der Zwölf steht und eine volle Stunde anzeigt. In der Einrichtung sollte nach Möglichkeit eine Lernuhr mit Ziffern von eins bis zwölf, aber auch eine Wanduhr oder ein Wecker mit Sekundenzeiger vorhanden sein.
Zu all dem helfen die folgenden Spiele und Lieder dabei, dass die Kinder ein Gefühl für Zeit entwickeln, Worte wie „gestern", „heute" und „morgen" richtig benutzen lernen sowie spielerisch die Anzahl der Jahreszeiten, Monate und Wochentage korrekt bestimmen können.

Wir basteln und lernen die Uhr

Alter: ab 4 Jahren
Material: 2 weiße DIN-A4-Tonkartonbögen, Klebstoff, 1 Musterbeutelklammer, Schreibsachen, Lineal, Zirkel

Vorbereitung

Die Spielleitung kopiert die Vorlage von S. 62 und klebt sie auf weißen Tonkarton. Sie schneidet die Zeiger und die Uhr aus und sticht an den markierten Stellen eine Musterklammer durch, um sie zusammenzuheften.

Zusätzlich zeichnet die Spielleitung einen Kreis im gleichen Umfang wie die Uhrenvorlage auf einen weiteren Tonkarton. Sie unterteilt den Kreis in sechs „Kuchenstücke" á 10 Min. und schneidet die Teile einzeln aus. Die Kinder können damit z. B. sechs Kuchenstücke für eine volle Stunde oder drei Kuchenstücke für eine halbe Stunde auf die Uhr legen. Auf diese Weise entwickeln sie ein Gespür für verschiedene Zeiteinheiten.

Spielablauf

Die Spielleitung setzt sich mit der gebastelten Uhr zu den Kindern im Stuhlkreis. Sie übergibt die Uhr dem Kind rechts neben ihr und deutet mit den Fingern eine Zahl von eins bis zwölf an. Für die Elf streckt sie zusätzlich den rechten und für die Zwölf den linken Fuß zur Kreismitte aus. Das Kind mit der Uhr stellt die entsprechende Zeit ein und benennt sie. Hat es dabei Schwierigkeiten, darf ihm ein Kind seiner Wahl behilflich sein. Stimmt die Uhrzeit, wandert die Uhr zum nächsten Kind und sein Vorgänger zeigt eine weitere Zahl an.

Das Spiel ist beendet, wenn alle Kinder möglichst gut unterschiedliche Uhrzeiten einstellen und benennen können.

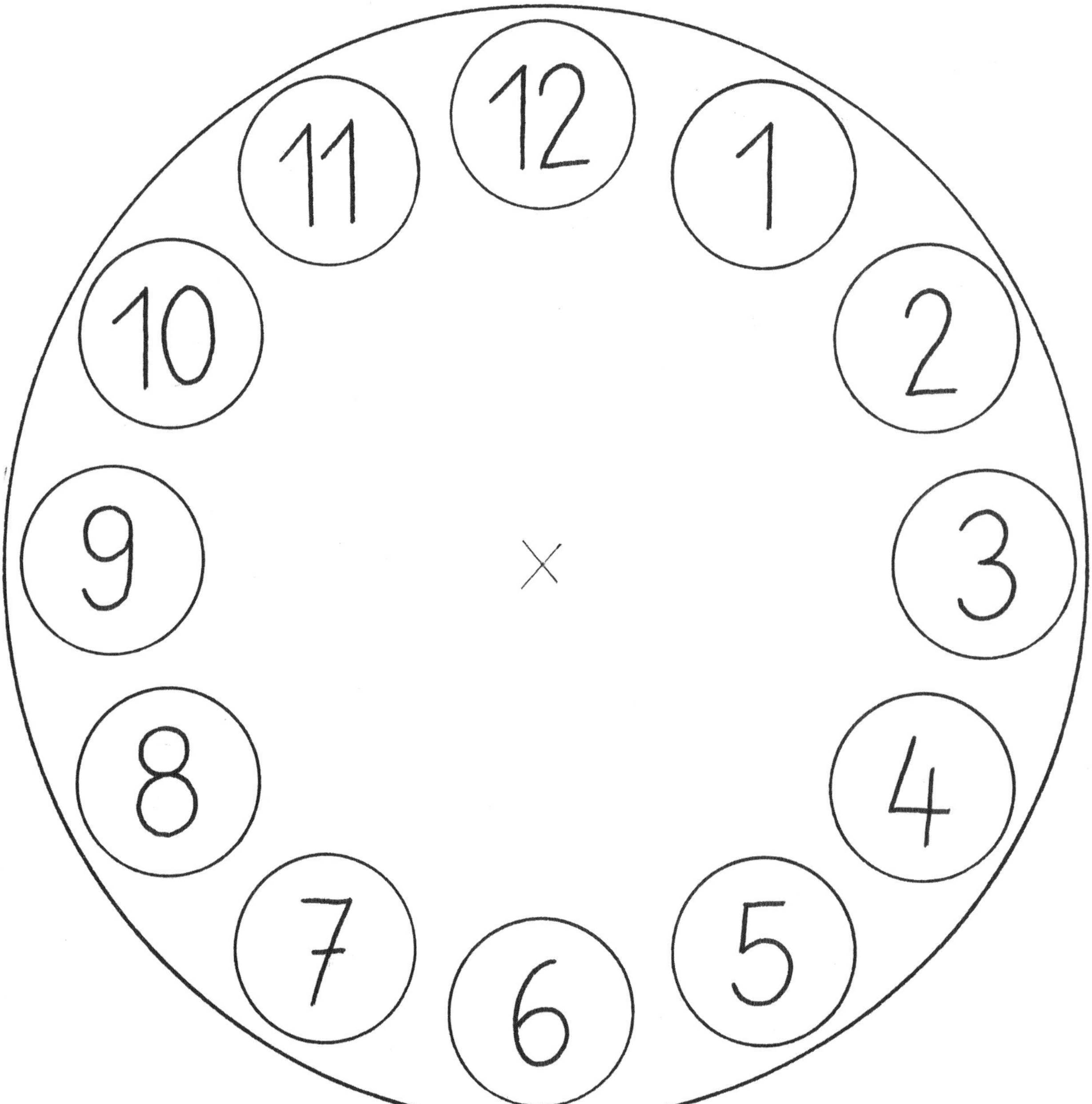
12
1
2
3
4
5
6
7
8
9
10
11

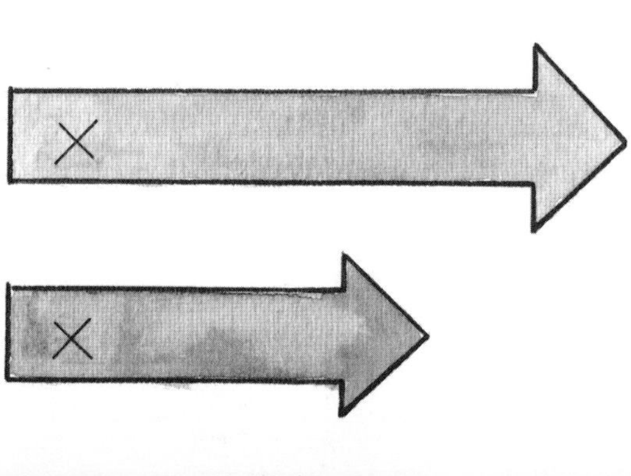

Der Zeigertanz

Nr. 3

Refrain:
Hey, hey, der Zeigertanz! (4 ×)
Die Uhr, die hat drei Zeiger,
Die messen uns die Zeit – hey!
Sie laufen immer weiter
Durch die Vergänglichkeit – hey, hey!

1. Der Erste ist der Dünne,
Der schnellste von den Drei'n – hey!
Er zeigt uns die Sekunden,
Drum muss er eilig sein – hey, hey!
Zeiger, Zeiger, dreh dich, immer rundherum.
Bist du wieder oben, ist die Minute um.

Refrain: Hey, hey, der Zeigertanz …

2. Der Zweite ist der Lange,
Kommt weiter Stück für Stück – hey!
Er zeigt uns die Minuten,
Geht vor und nicht zurück – hey, hey!
Zeiger, Zeiger, dreh dich, immer rundherum.
Bist du wieder oben, ist eine Stunde um.

Refrain: Hey, hey, der Zeigertanz …

3. Der Dritte ist der Kleine,
Sieht aus, als würd' er stehn – hey!
Er zeigt uns jede Stunde,
Auch er muss weitergehn – hey, hey!
Zeiger, Zeiger, dreh dich, immer rundherum.
Warst du zweimal oben, ist wieder ein Tag um.

Refrain: Hey, hey, der Zeigertanz …

Die Kinder stehen im Kreis und singen viermal *„Hey, hey, der Zeigertanz!"* Dazu klatschen sie rhythmisch in die Hände.
Sie reichen sich die Hände und laufen zu den letzten vier Zeilen des Refrains im Uhrzeigersinn im Kreis herum.
1. Strophe: Ein Kind geht in den Innenkreis und läuft so schnell wie möglich einmal im Uhrzeigersinn im Kreis herum, bis es wieder am Ausgangsplatz ankommt. Singen die Kinder: *„Hey"*, klatschen sie einmal in die Hände und strecken ihren rechten Arm aus, um sich im Uhrzeigersinn schnell um die eigene Achse zu drehen.
2. Strophe: Ein zweites Kind geht in den Innenkreis, geht nicht ganz so schnell wie das erste Kind einmal im Uhrzeigersinn im Kreis herum und stellt sich wieder auf seinen Ausgangsplatz. Bei jedem *„Hey"* klatschen die Kinder in die Hände. Anschließend strecken sie ihren rechten Arm aus und drehen sich etwas langsamer im Uhrzeigersinn um die eigene Achse.
3. Strophe: Ein drittes Kind geht in den Innenkreis und langsam einmal im Uhrzeigersinn im Kreis herum, bis es wieder auf seinem Ausgangsplatz steht. Bei jedem *„Hey"* klatschen die Kinder in die Hände. Am Ende strecken alle Kinder auf der Kreisbahn ihren rechten Arm aus und drehen sich ganz langsam einmal im Uhrzeigersinn um die eigene Achse.

Uhren, Uhren, Uhren

Alter: ab 4 Jahren
Material: 6–8 unterschiedliche Uhren (Wecker, Armbanduhr, Taschenuhr, Küchenuhr, Wanduhr, Sanduhr, Stoppuhr, „Der Zeiger-Tanz" (◎ Nr. 3) oder Bewegungsmusik

Die Spielleitung stellt für jede Uhr einen eigenen Tisch auf und verteilt die Uhren darauf. Sie schaltet die Musik ein, zu der sich die Kinder rhythmisch durch den Raum bewegen. Stoppt die Musik, nennt die Spielleitung laut eine der Uhrenarten. Alle Kinder laufen schnell zu dem entsprechenden Tisch. Konnten sich alle Kinder richtig platzieren, fragt die Spielleitung z. B.: *„Könnt ihr die Uhr am Körper tragen?" – „Wo habt ihr eine solche Uhr schon einmal gesehen?" – „Hat die Uhr ein Ziffernblatt?" – „Wie viele Zeiger hat die Uhr?"*

Läuft die Musik weiter, beginnt eine neue Spielrunde, bei der die Kinder eine andere Uhr kennenlernen.

Meine Armbanduhr

Alter: ab 5 Jahren

Ich habe eine Armbanduhr,
linkes Handgelenk zeigen
schau her: Drei Zeiger hat sie nur!
mit der linken Hand die Zahl Drei zeigen
Der Dünnste geht ganz schnell voran.
den rechten Zeigefinger schnell kreisförmig im Uhrzeigersinn über dem linkenHandgelenk bewegen
Sag, welchen Zeiger schau ich an?
(Antwort: den Sekundenzeiger)
Der Längste kommt nicht schnell voran.
den Mittelfinger etwas langsamer kreisförmig im Uhrzeigersinn über dem linken Handgelenk bewegen
Sag, welchen Zeiger schau ich an?
(Antwort: den Minutenzeiger)
Der Kleinste schleicht ganz lahm voran.
den Daumen langsam kreisförmig im Uhrzeigersinn über dem linken Handgelenk bewegen
Sag, welchen Zeiger schau ich an?
(Antwort: den Stundenzeiger)
Ich habe eine Armbanduhr,
linkes Handgelenk zeigen
schau her: Drei Zeiger hat sie nur!
mit der linken Hand die Zahl Drei zeigen

Was machst du morgens?

Alter: ab 5 Jahren
Material: Lernuhr (➜ S. 62)

Alle Kinder setzen sich in einer Reihe nebeneinander auf einen Stuhl. Die Spielleitung stellt die Lernuhr ca. 2 m entfernt vor die Kinder hin, sodass diese die Uhr gut sehen können. Sie stellt die Zeiger auf sieben Uhr und fragt: *„Wer kann zeigen, was man morgens um sieben Uhr machen kann?"* Die Spielleitung wählt ein Kind aus, das sich neben sie stellt und z. B. so tut, als ob es sich gerade die Zähne putzen würde. Die Kinder rufen ihre Vermutungen in die Runde. Wurde die Tätigkeit richtig erkannt, stellt die Spielleitung eine neue Uhrzeit ein und fragt z. B.: *„Wer kann zeigen, was man vormittags um zehn Uhr machen kann?"*

Die Uhr schlägt fünfmal

Alter: ab 5 Jahren
Material: 1 Gong, „Der Zeiger-Tanz" (➜ S. 63); evtl. 1 Plüschvogel

Alle Kinder stehen im Kreis und die Spielleitung legt den Gong vor einem beliebigen Kind auf den Boden. Die Kinder reichen sich die Hände, singen den Refrain des Liedes und bewegen sich dazu rhythmisch im Kreis herum. Anschließend bleiben sie stehen. Wer nun direkt vor dem Gong steht, imitiert damit eine große Schrankuhr und gibt die volle Stunde an, indem er z. B. fünfmal auf den Gong schlägt. Dabei zählen alle Kinder innerlich mit. Folgen keine weiteren Schläge, springen alle Kinder, die mitgezählt haben, in die Kreismitte und rufen hoffentlich richtig: *„Es ist fünf Uhr!"* Haben alle richtig gezählt? Das betreffende Kind gibt Antwort, legt den Gong wieder an seinen Platz und eine neue Spielrunde beginnt.

Variante
Anstelle des Gongs können die Kinder auch ihre Stimme benutzen und eine Kuckucksuhr imitieren, indem sie z. B. dreimal laut *„Kuckuck!"* rufen. Um das Kind, das die Kuckucksuhr darstellt, auf die gleiche Weise wie oben beschrieben ermitteln zu können, benutzen sie anstelle des Gongs einen Plüschvogel.

Uhrzeit vergleichen

Alter: ab 5 Jahren
Material: 1 Lernuhr (→ S. 62) für je 4–6 Kinder, Stifte

Vorbereitung
Die Spielleitung kopiert für jedes Kind einmal die Uhren von S. 62.

Spielablauf
Je vier bis sechs Kinder bekommen eine Lernuhr und setzen sich damit um einen Tisch herum. Außerdem erhält jedes Kind einen Stift und eine Kopie mit den Uhren.
Ein Kind stellt eine Uhrzeit wie z. B. drei Uhr ein. Während es die Uhrzeit benennt, versuchen die übrigen Kinder so schnell wie möglich die Uhr mit der entsprechenden Uhrzeit auf ihrem Blatt zu finden. Wer zuerst *„Stopp!"* ruft und dabei auf die richtige Uhr deutet, darf die Uhr auf seinem Blatt durchstreichen und eine neue Uhrzeit für die nächste Spielrunde einstellen. Sieger ist das Kind, das am schnellsten alle Uhren auf seinem Blatt durchstreichen konnte.

Variante für ältere Kinder
Die Spielleitung zeichnet ergänzend zur Vorlage Uhren mit halbstündigen Uhrzeiten und kopiert diese für jede Kleingruppe einmal.
Die Kinder bilden zwei gleich große Gruppen und erhalten die Kopien mit Uhrzeiten zur vollen und halben Stunde. Die Spielleitung stellt für beide Gruppen gut sichtbar die Uhr ein. Die Gruppe, die die gleiche Uhrzeit auf den Blättern am schnellsten findet, darf die Uhr abstreichen. Hat die Spielleitung alle Uhrzeiten einmal eingestellt, zählen die Gruppen ihre durchgestrichenen Uhren. Welche Gruppe konnte die meisten sammeln?

12 1 2 3 4 5 6 7 8 9 10 11

12 1 2 3 4 5 6 7 8 9 10 11

12 1 2 3 4 5 6 7 8 9 10 11
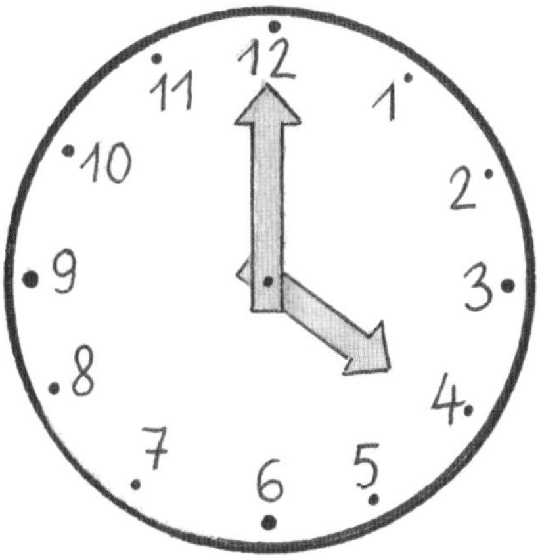
12 1 2 3 4 5 6 7 8 9 10 11

12 1 2 3 4 5 6 7 8 9 10 11

12 1 2 3 4 5 6 7 8 9 10 11

12 1 2 3 4 5 6 7 8 9 10 11

12 1 2 3 4 5 6 7 8 9 10 11

12 1 2 3 4 5 6 7 8 9 10 11

12 1 2 3 4 5 6 7 8 9 10 11

12 1 2 3 4 5 6 7 8 9 10 11

12 1 2 3 4 5 6 7 8 9 10 11

Wie spät ist es?

Wir sind am Nachmittag mit Freunden unterwegs und haben die Zeit vergessen. Leider haben wir keine Uhr dabei, sodass wir Passanten nach der Uhrzeit fragen.

Alter: ab 5 Jahren
Material: Schreibsachen, Lernuhr (➜ S. 62), 1 Handtrommel

Vorbereitung

Die Spielleitung schreibt für jedes Kind eine Zahl von eins bis zwölf auf Notizzettel, die sie an die Kinder verteilt.

Spielablauf

Die Spielleitung übergibt einem Kind die Lernuhr und das Kind schaut auf die Zahl auf seinem Zettel.
Zum Rhythmus der Trommel laufen alle Kinder kreuz und quer durch den Raum. Verstummt die Trommel, ruft die Spielleitung ein Kind auf, das zu dem Kind mit der Uhr läuft und fragt: *„Entschuldigung, können Sie mir bitte die Uhrzeit sagen?“* Das Kind nickt und stellt stumm die Uhrzeit entsprechend der Zahl auf seinem Zettel ein. Das andere Kind liest die Uhrzeit laut ab, bedankt sich und geht, wenn es die Uhrzeit richtig gelesen hat. Erklingt die Trommel erneut, wird die Uhr an ein anderes Kind weitergereicht für die nächste Spielrunde.

Bis ein Tag vorüber ist

Alter: ab 5 Jahren
Material für 2–4 Kinder: Lernuhr (➜ S. 62), 1 Spielfigur, 1 Würfel

Die Kinder legen die Lernuhr auf einen Tisch und stellen die Spielfigur neben die Zahl Zwölf. Die beiden Zeiger der Uhr zeigen ebenfalls beide auf die Zwölf: Mitternacht!
Ein Kind würfelt und rückt entsprechend der gewürfelten Augenzahl mit der Spielfigur im Uhrzeigersinn direkt neben den Kreisen vor. Dementsprechend stellt es auch die Zeigeruhr ein: Der große Zeiger bleibt stets auf der Zwölf, während der kleine Zeiger auf die Zahl der Spielfigur gestellt wird. Das Kind liest die Uhrzeit ab, z. B. drei Uhr nachts, und nennt eine Tätigkeit, die es zu dieser Zeit tun kann: schlafen, träumen, plötzlich aufwachen und gähnen, auf die Toilette gehen …
Das nächste Kind setzt das Spiel auf die gleiche Weise fort. Erst wenn die Spielfigur zweimal um den Kreis herumgelaufen ist und wieder auf der Zwölf steht, ist ein ganzer Tag beendet und es ist wieder Mitternacht.

Wo ist nur die Zeit geblieben?

Alter: ab 6 Jahren

Vorbereitung
Die Spielleitung kopiert die Vorlage von S. 67 auf DIN A3 vergrößert und schneidet jede Uhr einzeln aus.

Spielablauf
Die Spielleitung legt die zwölf Uhren verdeckt durcheinander auf einen Tisch und die Kinder setzen sich darum herum. Nacheinander drehen die Kinder jeweils ein Blatt um und üben das Uhrzeitenlesen. Nennen sie die richtige Uhrzeit, bleibt das Blatt offen liegen, wenn nicht, drehen sie es wieder um und der nächste ist an der Reihe.
Sind alle Blätter aufgedeckt, schließen alle Kinder kurz die Augen. Die Spielleitung nimmt eines der Blätter vom Tisch weg. Die Kinder öffnen wieder die Augen und versuchen die fehlende Uhrzeit herauszufinden. Wer als Erster die richtige Antwort weiß oder errät, darf als Nächster eine Uhrzeit wegnehmen, wenn alle Uhren wieder auf dem Tisch liegen.

Variante für jüngere Kinder
Die zwölf Uhren werden in der richtigen Reihenfolge von ein bis zwölf Uhr hingelegt und aufgedeckt. Wird eine Uhr weggenommen, bleibt bei den ersten Durchläufen auch die Lücke zwischen den Uhren bestehen.
Können die Kinder die fehlende Uhrzeit schnell erraten, füllt die Spielleitung in der nächsten Runde die entstandene Lücke, indem sie die übrigen Uhren zusammenschiebt, die Reihenfolge aber beibehält. Wer entdeckt jetzt als Erster, welche Uhrzeit fehlt?

Eine Minute oder 60 Sekunden

Alter: ab 5 Jahren
Material: 60 kleine Kieselsteine, 1 Tuch, 1 leerer Eimer, Armbanduhr (oder Wanduhr) mit Sekundenzeiger; evtl. 60 Perlen und 1 leeres Marmeladenglas pro Kinderpaar

Alle Kinder bilden einen Kreis, in den die Spielleitung sechzig Kieselsteine auf einem Tuch bereitlegt und daneben einen leeren Eimer stellt. Ein Kind geht in die Mitte und hockt sich zwischen die Steine und den Eimer. Die anderen Kinder stellen eine große Wanduhr mit Sekundenzeiger dar, indem sie gemeinsam mit der Spielleitung pro Sekunde *„Tick–tack"* rufen. Dazu wiegen sie ihren Oberkörper wie ein Uhrenpendel im Takt von rechts nach links. Währenddessen wirft das Kind in der Mitte pro Sekunde einen Kieselstein in den Eimer. Die Spielleitung orientiert sich an ihrer Armbanduhr oder einer Wanduhr mit Sekundenzeiger und gibt ein Anfangs- und Schlusssignal. Ist die Minute um, betrachten alle Kinder den „Minuteneimer", in den so viele Sekunden hineinpassen!

Variante
Die Kinder gehen zu zweit zusammen und erhalten sechzig Perlen und ein leeres Marmeladenglas. Während die Spielleitung laut für alle Kinder sechzigmal *„Tick-tack …"* ruft, werfen die beiden Kinder abwechselnd die Sekunden-Perlen in das Glas. Sind nach Ablauf der Minute alle Perlen im Glas oder hat ein Kinderpaar „Sekunden verloren"?

Wann steigt die Rakete?

Das folgende Spiel eignet sich nicht nur für eine Geburtstagsfeier, sondern auch einfach für zwischendurch, z. B. im Stuhlkreis.

Alter: ab 4 Jahren
Material: Wanduhr mit Sekundenzeiger

Die Kinder sitzen im Stuhlkreis und strecken ihre Arme weit nach vorne aus. Ein Kind nennt eine Zahl von fünf bis zehn. Sagt das Kind z. B.: „*Sieben*", zählen die Kinder gemeinsam mit der Spielleitung im Sekundentakt von sieben auf null herunter und bewegen dazu ihre Finger rasch auf und ab. Die Spielleitung orientiert sich dabei an einer Wanduhr mit Sekundenzeiger.
Nach der Null lassen die Kinder die Rakete ins All steigen, indem sie langsam aufstehen und dabei ihre Arme nach oben zur Decke bewegen. Am Ende stampfen alle mehrfach laut auf den Boden. Hebt die Spielleitung die Hand, stampfen die Kinder immer leiser und setzen sich schließlich wieder auf ihren Platz. Danach gibt ein anderes Kind eine neue Zahl vor.

Variante für ältere Kinder

Die Kinder wählen als Startpunkt eine Zahl zwischen zehn und zwanzig aus.

Wie lange dauert das?

Mit diesem Spiel lernen die Kinder die Dauer von bestimmten Handlungen besser einzuschätzen!

Alter: ab 5 Jahren
Material: 1 große Uhr mit Sekundenzeiger

Alle Kinder versammeln sich vor einer großen Uhr mit Sekundenzeiger, sodass sie diese alle gut sehen können. Steht der Sekundenzeiger auf der Zwölf, verfolgen alle eine Minute lang den großen Zeiger mit den Augen, damit sie ein Gefühl für die Länge einer Minute erhalten.
Die Kinder bilden einen Stuhlkreis. Ein Kind stellt sich mit der Uhr in die Kreismitte und nennt eine Bewegungsart, z. B. auf der Stelle hüpfen wie ein Hampelmann. Steht der große Zeiger auf der Zwölf, dürfen alle Kinder wie ein Hampelmann auf der Stelle hüpfen. Ist die Minute um, ruft das Kind ganz laut: „*Stopp!*"
Nach drei bis vier Durchgängen, in denen jedes Mal ein anderes Kind in der Mitte eine Bewegung vorgibt, bekommt ein einzelnes Kind eine Aufgabe, die es in einer Minute erfüllen soll, z. B.: von seinem Platz aus einmal in Kreisrichtung und einmal zurück gegen die Kreisrichtung auf allen Vieren krabbeln oder auf einem Bein hüpfen oder rückwärts in Kreisrichtung laufen … Währenddessen rufen die Spielleitung und die übrigen Kinder laut einmal „*Tick-tack*" pro Sekunde. Kann das Kind seine Aufgabe erfüllen, bevor die Minute um ist?

Tick-tack macht die Uhr

Nr. 7

1. Tick-tack macht die Uhr,
Tickt in einer Tour.
Tick-tack, so macht die Uhr.
Sie tickt in einer Tour.
Der Zeiger muss sich drehn.
Die Zeit bleibt niemals stehn.

Refrain:
Ticke-tacke, ticke-tacke, tick-tick-tick! (4 ×)

2. Tick-tack macht die Uhr,
Tickt in einer Tour.
Tick-tack, so macht die Uhr.
Sie tickt in einer Tour.
Sekunden eilen schnell.
Sie sprudeln wie ein Quell.

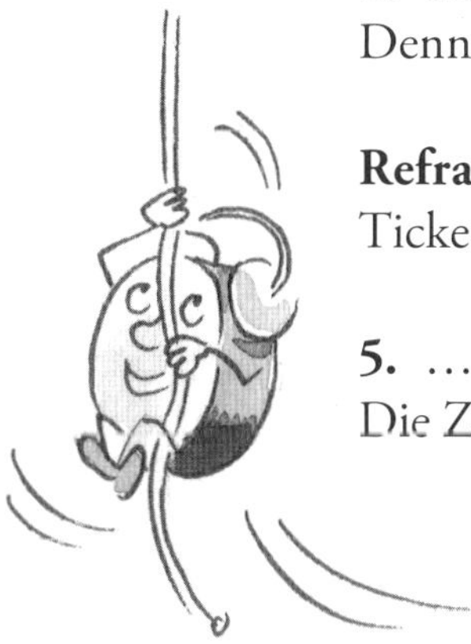

Refrain:
Ticke-tacke, ticke-tacke, tick-tick-tick …

3. … Minuten folgen dann.
Sie schreiten rasch voran.

Refrain:
Ticke-tacke, ticke-tacke, tick-tick-tick …

4. … Die Stunde kommt nun bald,
Denn Zeit macht niemals Halt.

Refrain:
Ticke-tacke, ticke-tacke, tick-tick-tick …

5. … Ein Tag ist nun vorbei.
Die Zeiger dreh'n sich neu.

Refrain:
Ticke-tacke, ticke-tacke, tick-tick-tick …

6. … Der Monat rückt heran,
Weil er nicht warten kann.

Refrain:
Ticke-tacke, ticke-tacke, tick-tick-tick …

7. … Schon geht ein Jahr ins Land.
Die Zeit verrinnt wie Sand.

Refrain:
Ticke-tacke, ticke-tacke, tick-tick-tick …

8. … Der Zeiger muss sich dreh'n.
Die Zeit bleibt niemals stehn.

Refrain:
Ticke-tacke, ticke-tacke, tick-tick-tick …

Material: 1 Paar Klangstäbe pro Kind

Für die **Strophen 1–4** werden drei Kinder ausgewählt für den Sekunden-, Minuten- und Stundenzeiger. Alle Kinder stellen sich mit Klangstäben im Kreis auf und singen gemeinsam das Lied.
1. Strophe: Das Kind, das den Stundenzeiger spielt, geht in die Kreismitte, dreht sich einmal um sich selbst und geht wieder auf seinen Platz.
2. Strophe: Das Sekundenzeiger-Kind geht in die Mitte und läuft schnell einmal im Innenkreis herum, bevor es sich wieder auf seinen Platz stellt. Dazu wird die Strophe rasend schnell gesungen.
3. Strophe: Das Minutenzeiger-Kind läuft deutlich langsamer im Innenkreis herum und die Kinder singen ebenfalls etwas langsamer als vorher.
4. Strophe: Das Stundenzeiger-Kind geht mit langsamen Schritten einmal im Innenkreis herum, begleitet von dem sehr langsamen Gesang der Kinder.
5. Strophe: Alle Kinder bilden eine Faust, strecken den Daumen aus und drehen sich einmal um sich selbst.
6. Strophe: Alle Kinder gehen einen Schritt in Richtung Kreismitte und bleiben stehen.
7. Strophe: Die Kinder machen eine Faust und strecken den Daumen für das Jahr aus.
8. Strophe: Die Kinder gehen im Uhrzeigersinn gemütlich um den Kreis herum. Die drei Zeiger-Kinder treten währenddessen noch einmal in die Mitte und bewegen sich je nachdem, welchen Zeiger sie spielen, unterschiedlich schnell um ihre Achse.

Zum **Refrain** schlagen die Kinder bei jedem „Ticke-tacke" rhythmisch auf ihre Klangstäbe.

Wir basteln die Zeit

Alter: ab 4 Jahren
Material: 3 weiße DIN-A4-Tonkartonbögen, Zirkel, Lineal, 1 Bleistift, Malstifte, Klebstoff, 1 flache Schachtel

Die Kinder erstellen mithilfe der Spielleitung eine runde Zeitleiste. Dazu zeichnet die Spielleitung jeweils einen Kreis mit einem Durchmesser von 18 cm auf die drei Tonkartons.

Der erste Kreis steht für das Jahr und wird im Ganzen ausgeschnitten.
Der zweite Kreis wird in vier Viertel unterteilt und ausgeschnitten. Jedes Viertel steht für eine Jahreszeit und wird von den Kindern passend bemalt, z. B. mit einem kahlen Apfelbaum, einem Apfelbaum mit Knospen und hellgrünen Blättern, einem Apfelbaum mit Früchten und dunkelgrünen Blättern und einem Apfelbaum mit vertrockneten Blättern. Legen die Kinder die vier Viertel auf den ersten Kreis, erkennen sie rasch, dass sie zusammen ein Jahr ergeben.
Der dritte Kreis wird in zwölf gleich große Kuchenstücke unterteilt, die ebenfalls einzeln ausgeschnitten werden und als zwölf Monate auf dem ganzen Kreis aneinandergelegt ein Jahr ergeben. Die Spielleitung kopiert die zwölf Miniatur-Bilder von S. 74, die die Kinder farblich passend zur Jahreszeit ausmalen und mithilfe der Spielleitung je eines auf den passenden Monat kleben.
Die Zeitleisten-Elemente werden in einer Schachtel gesammelt aufbewahrt und kommen immer wieder zum Einsatz, wenn es um Jahreszeiten und Monate geht.
Hinweis: Wenn möglich laminiert die Spielleitung die einzelnen Elemente zusätzlich, damit sie länger haltbar sind.

Welcher Tag ist morgen?

Alter: ab 4 Jahren
Material: 1 Softball

Die Kinder stehen mit der Spielleitung im Kreis. Die Spielleitung hält den Ball und sagt: „*Montag*“. Sie reicht den Ball an das rechte Nachbarkind weiter. Dieses sagt: „*Dienstag*“ und gibt den Ball weiter. Alle folgenden Kinder nennen der Reihe nach die Wochentage. Nach Sonntag folgt wieder Montag und wer einen Wochentag nicht weiß, gibt einfach den Ball weiter.

Varianten für ältere Kinder

- Schwieriger wird es, wenn die Kinder sich den Ball im Kreis zuwerfen und der Fänger den nächsten Wochentag oder sogar den vorherigen Wochentag sagen muss.
- Auf die gleiche Art können die Kinder das Spiel auch mit den einzelnen Monaten durchführen.

Es gibt sieben Wochentage!

Alter: ab 5 Jahren

Alle Kinder stehen im Kreis. Ein Kind geht in die Mitte und sagt: „*Es gibt …*“ Dazu stampft es z. B. viermal auf den Boden. Die anderen Kinder zählen innerlich mit. Wer die Antwort weiß, hebt seinen Arm in die Luft. Das Kind in der Mitte ruft eines von den Kindern auf, das den Satz ergänzt: „*Es gibt vier Jahreszeiten!*“ Ist die Antwort richtig, tauschen die beiden Kinder die Plätze. In der nächsten Spielrunde wiederholt das neue Kind in der Mitte den Satzanfang und klatscht z. B. zwölfmal in die Hände für die zwölf Monate oder hüpft z. B. siebenmal auf der Stelle für die Wochentage. Wird eine falsche Antwort gegeben, zeigt das Kind in der Mitte die richtige Zahl mit den Fingern und gibt so einen Hinweis.

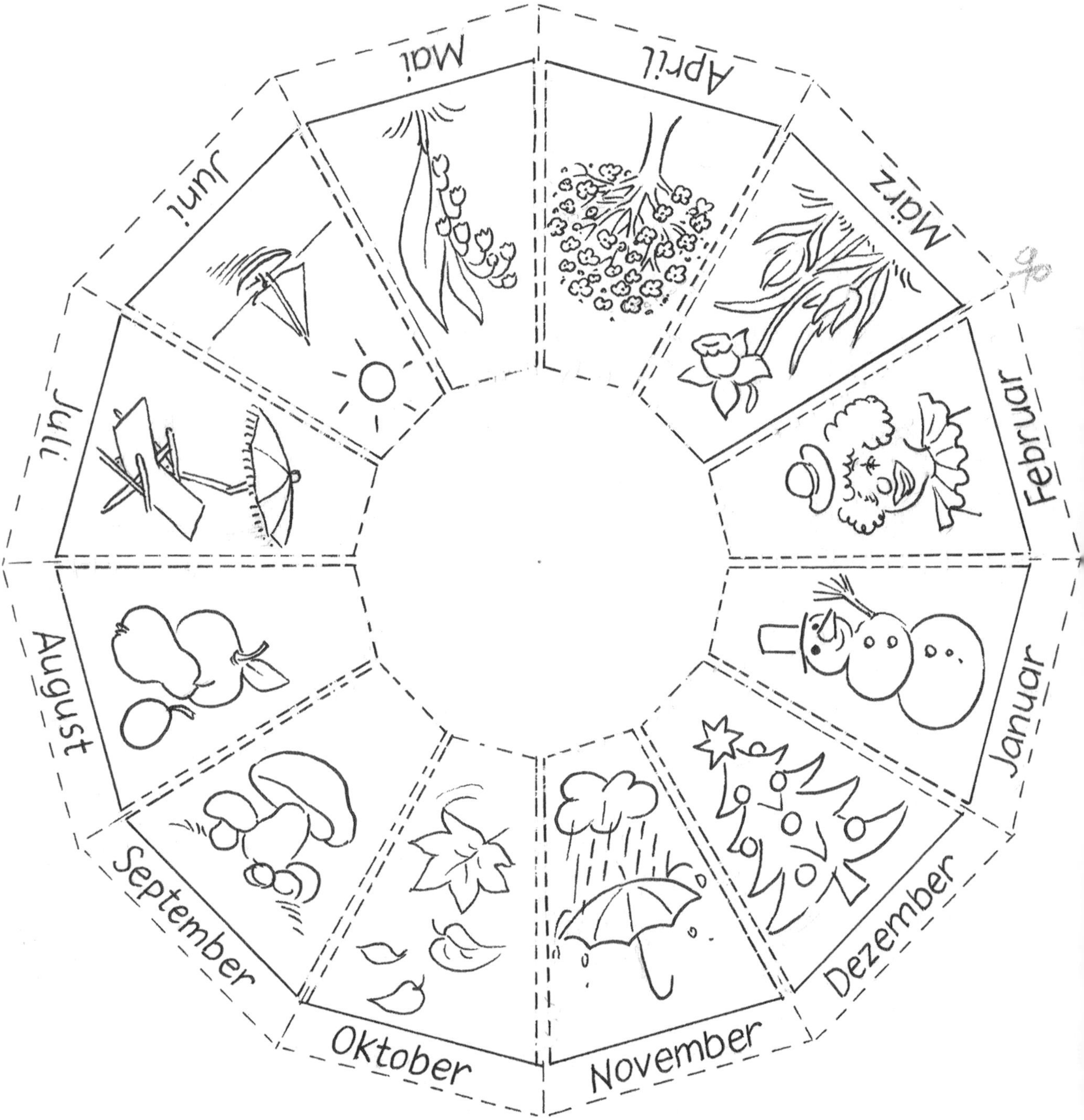
Januar
Februar
März
April
Mai
Juni
Juli
August
September
Oktober
November
Dezember

Von Montag bis Sonntag

Alter: ab 7 Jahren
Material: Papier, 1 dicker Filzstift, doppelseitiges Klebeband, „Tick-tack macht die Uhr!" (◎ Nr. 7) oder Bewegungsmusik

Vorbereitung
Die Spielleitung schreibt je nach Anzahl der Kinder für zwei oder drei Siebenergruppen zwei- oder dreimal alle Wochentage auf jeweils ein Blatt Papier.

Spielablauf
Es treten zwei oder drei Siebenergruppen gegeneinander an: Jedes Kind bekommt einen Zettel mit einem Wochentag an die Brust geklebt und findet sich mit sechs passenden anderen Wochentag-Kindern zusammen.
Zur Musik laufen alle durcheinander durch den Raum. Stoppt die Musik, versuchen sich alle Gruppen so schnell wie möglich zu finden und in der richtigen Wochentag-Reihenfolge aufzustellen. Welche Gruppe schafft das als erste?

Variante
Die Kinder bilden zwei Zwölfergruppen und bekommen anstelle der Wochentage jeweils einen Monat an die Brust geklebt.

Endlich Wochenende!

An welchem Tag in der Woche ist die ganze Familie in der Regel zu Hause? Und an welchen Tagen gehen die Eltern zur Arbeit? Spielerisch können bereits die Kleinsten Sonn- und Werktage unterscheiden lernen.

Alter: ab 4 Jahren
Material: 1 Handtrommel

Alle Kinder gehen durch den Raum, bis die Spielleitung laut trommelt. Die Kinder bleiben stehen und die Spielleitung nennt einen Wochentag, z. B.: *„Dienstag"*. Daraufhin gehen alle Kinder eilig kreuz und quer durch den Raum. Sollte sie jedoch *„Samstag"* oder *„Sonntag"* rufen, hocken sich alle Kinder so schnell wie möglich auf den Boden, um sich auszuruhen. Nennt die Spielleitung einen weiteren Wochentag, laufen alle Kinder wieder eilig durch den Raum. Das Spiel ist beendet, wenn alle Kinder die Anweisungen gut befolgen können.

Frühling, wo bist du?

Alter: ab 4 Jahren
Material: Buntstifte

Vorbereitung
Die Spielleitung kopiert die zwölf Landschaftsbilder von S. 74 vergrößert auf DIN A3 und schneidet sie einzeln aus. Die Kinder malen die Bilder in den Farben passend zu der jeweiligen Jahreszeit an.

Spielablauf
Alle Kinder setzen sich um einen Tisch herum. Die Spielleitung legt die zwölf Landschaftsbilder auf den Tisch, die die Kinder zunächst nach den Jahreszeiten sortieren. Anschließend drehen sie alle Bilder um und verteilen sie auf dem Tisch.
Ein Kind fragt z. B.: *„Frühling, wo bist du?"* Dazu dreht es ein beliebiges Bild um. Wer glaubt, ein Frühlingsbild zu sehen, springt

blitzschnell auf. Wer kein Frühlingsbild erkennt, bleibt sitzen. Der Fragesteller wählt für die nächste Spielrunde eines der Kinder aus, die sich richtig entschieden haben, und deckt sein Bild wieder zu.

Zwölf Monate

Alter: ab 5 Jahren

Das Jahr fängt mit dem Januar an.
Als Zweiter ist der Februar dran.
Als Dritter ist der März dann hier.
April, der grüßt als Nummer Vier.
Der Mai als Fünfter folgt sodann.
Als Sechster kommt der Juni an.
Der Juli ist als Siebter da.
Als Achter kommt – August, na klar!
September als der Neunte kommt,
Oktober folgt als Zehnter prompt.
November ist der Elfte und –
Dezember macht's als Zwölfter rund.
Und wie geht's weiter, was folgt dann?
Ein neues Jahr fängt wieder an!

Spielablauf
Die Kinder sitzen im Stuhlkreis und bilden zwei Fäuste. Ausgehend vom Daumen der rechten Hand strecken die Kinder nacheinander die einzelnen Finger aus, bis alle zehn Finger zu sehen sind. Danach strecken sie für den elften Monat ihr rechtes Bein und für den zwölften Monat ihr linkes Bein zur Kreismitte aus. Schaffen es die Kinder gemeinsam in dieser Position für ein paar Sekunden sitzen zu bleiben?

Von Januar bis Dezember

Alter: ab 6 Jahren
Material: DIN-A4-Papier, 1 schwarzer Filzstift, 4 Gymnastikreifen, Wattebäusche, 1 grünes Tuch, 1 kleine Schale, 1 Apfel (aus Plastik oder Holz), „Tick-tack macht die Uhr" (→ S. 71)

Vorbereitung
Die Spielleitung schreibt auf zwölf DIN-A4-Blätter jeweils einen Monat. Sie verteilt die vier Gymnastikreifen im Raum, die die einzelnen Jahreszeiten darstellen. Entsprechend kommen in jeden Reifen die drei passenden Monatsnamen. Zusätzlich legen die Kinder in jeden Reifen ein Symbol für die Jahreszeiten: In den Winter-Reifen ein paar Wattebäusche als Schnee, in den Frühlings-Reifen ein grünes Tuch, in den Sommer-Reifen eine kleine Schale mit Wasser als Planschbecken und in den Herbst-Reifen einen Apfel.

Spielablauf
Die Kinder singen die 6. Strophe des Liedes und laufen dazu rhythmisch durch den Raum. Ist die Strophe beendet, zählt die Spielleitung die einzelnen Monate von Januar an auf und stoppt bei einem Monat. Die Kinder wiederholen den zuletzt genannten Monat laut und laufen so schnell wie möglich zu dem richtigen Jahreszeiten-Reifen. Eines der Kinder, denen das besonders schnell gelingt, übernimmt die Rolle der Spielleitung in der nächsten Runde.

Vier Jahreszeiten

Alter: ab 4 Jahren

Die Kinder bilden vier gleich große Gruppen und stellen sich in einem großzügigen Kreis auf. Dabei bilden die zusammengehörigen Kinder jeweils ein Kreisviertel und reichen sich die Hände. Die Spielleitung weist jeder Gruppe eine der vier Jahreszeiten zu. Sie geht in die Kreismitte und sagt:
„Als Ersten bitte ich den Frühling in die Mitte.“
Alle Frühlings-Kinder gehen mit Handfassung zwei Schritte Richtung Kreismitte.
„Als Zweiten möchte ich den Sommer, bitte!“
Alle Sommer-Kinder gehen mit Handfassung zwei Schritte zur Kreismitte, bis sie neben den Frühlings-Kindern stehen.
„Als Dritter ist der Herbst dann dran!“
Alle Herbst-Kinder reihen sich ein.
„Als Vierter kommt der Winter an!“
Alle Winter-Kinder reihen sich ein, sodass sich der Jahreskreis wieder geschlossen hat. Dazu reichen sich nun alle Kinder die Hände.
Danach wiederholen sie das Spiel, diesmal aber mit getauschten Rollen.

Zwölf Kalenderblätter

Für das folgende Spiel sollten alle Kinder die einzelnen Monate der Reihe nach benennen können.

Alter: ab 5 Jahren
Material für 6 Kinder: 1 großer Wandkalender, 12 Kieselsteine

Je sechs Kinder setzen sich um einen Tisch herum und erhalten jeweils zwei Kieselsteine. Die Spielleitung stellt sich vor den Tisch und zeigt den Kindern einen großen Kalender. Indem sie die einzelnen Kalenderseiten umblättert, legen sie für jeden Monat nacheinander einen Kieselstein auf den Tisch. Das geht so lange, bis die Spielleitung z. B. fragt: *„Es ist Mai. Der wie vielte Monat im Jahr ist das?“* Die Kinder zählen innerlich die Anzahl der Kieselsteine auf dem Tisch und rufen die Antwort in die Runde. Die Spielleitung stimmt zu oder korrigiert und sagt: *„Der Mai ist der fünfte Monat!“*
Anschließend beginnt eine neue Spielrunde, bei der die Spielleitung wieder vom Januar ausgehend z. B. bis zum August die einzelnen Kalenderblätter umdreht.

Wie viele Monate sind vergangen?

Alter: ab 7 Jahren

Alle Kinder bis auf eines bilden einen Stuhlkreis. Das Kind stellt sich in die Kreismitte und sagt z. B.: *„Es ist Mai. Wie viele Monate sind vergangen?“* Es deutet auf ein Kind, das aufsteht und *„Januar!“* sagt. Sein rechtes Nachbarkind steht ebenfalls auf und sagt: *„Februar!“* Auf diese Art wird das Spiel bis zum Mai weitergeführt, allerdings steht bei dem genannten Monat Mai kein weiteres Kind auf. Alle Kinder zählen die genannten Monate innerlich mit. Ein Kind, das noch sitzt, beantwortet schließlich die Frage nach der Anzahl der Monate. Hat es richtig gezählt, darf es als Nächstes in die Mitte.

Auf zum Zahlentanz!

Zahlen und Zählen mit Musik

In der Musik spielen Zahlen eine nicht zu unterschätzende Rolle. So wird am Anfang eines jeden Musikstücks die Taktart mit Zahlen angegeben. Ein Tango wird i. d. R. im Zweivierteltakt, ein langsamer Walzer im Dreivierteltakt und ein Foxtrott im Viervierteltakt gespielt und getanzt.
Kinder können die Anzahl von Tönen aus einer einfachen, langsamen Melodie heraushören oder sagen, wie viele Instrumente ein Musikstück spielen. Besonders viel Spaß haben Kinder daran, wenn sie gemeinsam einen einfachen Tanz einüben. Sie zählen die Anzahl der Tanzschritte, Drehungen und Sprünge und achten darauf, sich im Takt zur Melodie zu bewegen.

Damit alle Kinder vielfältige musikalische Eindrücke bekommen, sollten sie verschiedene Instrumente kennenlernen und dabei auch ihren eigenen Körper als Instrument entdecken. Zum Rhythmus der Musik klatschen oder stampfen macht bereits den Jüngsten viel Spaß. Geschieht das miteinander, merken viele Kinder rasch, ob sie noch im Takt sind oder vielleicht zu viele Klatscher gemacht haben.
Die folgenden Spiele und Lieder entsprechen dem kindlichen Bedürfnis nach Musik, Gesang und Tanz. Mit einfachen Mitteln und viel Ideenreichtum wird gezeigt, wie die kindliche Musikalität gefördert, das logische Denken trainiert und dabei ganz nebenbei das Zahlenverständnis geschult werden kann.

Kennst du den Zahlentanz?

Nr. 12

3/4-Takt:
Eins, zwei, drei, kennst du den Zahlentanz?
Eins, zwei, drei Schritte vor, wenn du kannst!
Eins, zwei, drei Schritte an einem Stück,
Eins, zwei, drei Schritte vor, dann zurück!

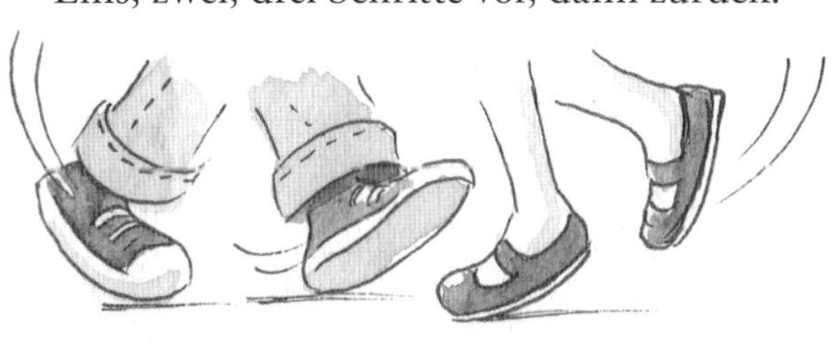

4/4-Takt:
Und dann gehen wir im Kreise,
Zählen auf ganz andre Weise!
Und dann gehen wir im Kreise,
Zählen auf ganz andre Weise!
Eins, zwei, drei, vier, eins, zwei, drei, vier,
Eins, zwei, drei, vier, folge mir!
Eins, zwei, drei, vier, eins, zwei, drei, vier,
Eins, zwei, drei, vier, jetzt bleib stehn!

Die Kinder stehen Hand in Hand im Kreis. Im ersten Teil des Liedes gehen sie zum **3/4-Takt** zu jeder Zeile auf *„Eins, zwei, drei"* drei Schritte vor und zu den letzten drei Silben, z. B. auf *„Zah-len-tanz"*, wieder rückwärts.
Für den zweiten Teil, den **4/4-Takt**, wechseln sie blitzschnell die Handfassung und legen die Hände von hinten auf die Schultern des linken Nachbarn. Die ersten vier Zeilen gehen sie als geschlossene Polonaise im Uhrzeigersinn im Kreis herum. Nach der vierten Zeile bleiben sie stehen und drehen sich mit dem Gesicht zur Kreismitte.
Eins, zwei, drei, vier, eins, zwei, drei, vier,
vier Schritte vor und vier Schritte zurück
Eins, zwei, drei, vier, folge mir!
vier Schritte vor, stehen und sich gegenseitig zuwinken
Eins, zwei, drei, vier, eins, zwei, drei, vier,
vier Schritte zurück und vier Schritte vor
Eins, zwei, drei, vier, jetzt bleib stehn!
vier Schritte zurück und stehen

Von Rassel bis Schellenkranz

Für dieses Tastspiel bieten sich einfache und handliche Instrumente an, die möglichst nicht aus zwei Teilen bestehen.

Alter: ab 4 Jahren
Material: max. 6 Instrumente (z. B. Schellenkranz, Schellentrommel, Rassel, Stielkastagnette, Flöte, Mundharmonika), 1 Augenbinde pro Kind, Triangel

Die Kinder sitzen in einem engen Stuhlkreis und bekommen die Augen verbunden. Einige Kinder, die nicht nebeneinandersitzen, erhalten jeweils eines der Instrumente, das sie mit geschlossenen Augen abtasten. Ertönt die Triangel, reichen sie ihr Instrument im Uhrzeigersinn weiter.
Wurden die Instrumente einmal im ganzen Kreis herumgereicht, sammelt die Spielleitung alle wieder ein und bittet die Kinder ihre Augenbinden abzunehmen. Wer kann die Anzahl der Instrumente richtig benennen? Und wer weiß bereits, wie das eine oder andere Instrument heißt?
Die Spielleitung legt alle Instrumente in die Kreismitte, damit die Kinder sie zählen und betrachten können. Sie stellt die einzelnen Instrumente vor, indem sie sie einmal kurz anspielt und benennt.

Wie viele Kinder klatschen?

Alter: ab 4 Jahren

Die Kinder bilden einen Kreis und stellen sich mit dem Rücken zur Kreismitte auf. Während sie ein bekanntes Kinderlied wie z. B. „Fuchs, du hast die Gans gestohlen" singen, geht die Spielleitung im Innenkreis herum und tippt dabei bis zu fünf Kindern auf den Rücken, die in den Innenkreis gehen und im Takt zur Melodie in die Hände klatschen.
Ist das Lied beendet, drehen sich alle Kinder blitzschnell um: Wer kann als Erster spontan die richtige Anzahl an Kindern in den Kreis rufen, die in der Mitte stehen? Zur Kontrolle gehen die einzelnen Kinder nacheinander auf ihren Platz zurück. Dabei zählen alle Kinder auf der Kreisbahn laut mit.

Wie viele Instrumente hörst du?

Alter: ab 5 Jahren
Material: 1 Rhythmusinstrument pro Kind (Schellenkranz, Holzblocktrommel, Rassel ...), 3 Augenbinden; evtl. Gitarre

Die Kinder bilden einen Stuhlkreis und erhalten jeweils ein Musikinstrument. Die Spielleitung verbindet drei Kindern die Augen. Sie geht einmal im Außenkreis herum und tippt dabei bis zu sechs Kinder an, die unterschiedliche Instrumente in den Händen halten.
Auf ein Startzeichen singen alle übrigen Kinder ein bekanntes Kinderlied, z. B. „Alle meine Entchen", das die ausgesuchten Kinder mit ihren Instrumenten rhythmisch begleiten. Ist das Lied beendet, dürfen die drei Kinder mit den verbundenen Augen die Anzahl der Instrumente benennen. Zudem können sie sagen, wie die einzelnen Instrumente heißen. Zur Kontrolle nehmen sie ihre Augenbinden ab und sehen nach, wie viele Kinder der Reihe nach auf ihren Instrumenten spielen. Danach beginnt mit drei weiteren Kindern eine neue Spielrunde.

Variante

Die Spielleitung zupft auf einer Gitarre einzelne Seiten an. Dann spielt sie einen Dreiklang, z. B. c–e–g. Die Kinder heben ihren Arm in die Luft, wenn sie mehrere Töne hören, und versuchen die Anzahl der gespielten Töne herauszufinden. Klappt das gut, kann die Spielleitung variieren und zwei, drei oder vier Seiten gleichzeitig zupfen.

Alle zehn Finger tanzen

Alter: ab 4 Jahren

Alle zehn Finger schwingen ihr Tanzbein.
Wer wird wohl am beweglichsten sein?
Finger ausstrecken und damit in der Luft hin und her zappeln
Alle zehn Finger tanzen im Kreis.
Das geschieht ganz langsam und leis'.
Hände kreisförmig und langsam durch die Luft bewegen
Alle zehn Finger gehn hin und her.
Das macht Laune und ist nicht schwer!
auf den Oberschenkeln mit den Fingern spazieren gehen
Alle zehn Finger schwingen ihr Tanzbein.
Sie tanzen und werden gleich bei dir sein!
Finger ausstrecken und damit in der Luft hin und her zappeln, zum Schluss gegenseitig unter den Armen kitzeln

Malen im Dreivierteltakt

Alter: ab 5 Jahren
Material: Tapetenrolle, Klebeband, „Kennst du den Zahlentanz?“ (◎ Nr. 12), Fingerfarbe, 1 Instrumentalstück im 3/4-Takt (z. B. Wiener Walzer), 1 Instrumentalstück im 4/4-Takt (beide Stücke möglichst aus der gleichen Gattung, also nicht ein Klassik- und ein Popstück)

Vorbereitung
Die Spielleitung schneidet zwei lange Stücke Tapetenrolle ab, die sie jeweils auf eine freie Wand auf Augenhöhe der Kinder klebt. Daneben stellt sie mehrere Dosen mit der gleichen Fingerfarbe bereit.

Spielablauf
Die Kinder stellen sich im Kreis auf und singen das Lied „Kennst du den Zahlentanz?“ zur CD. Die Spielleitung vergegenwärtigt ihnen noch einmal bewusst den Unterschied zwischen 3/4- und 4/4-Takt.
Alle Kinder stellen sich vor einer der beiden Malleinwände auf. Sie hören das erste Instrumentalstück im 3/4-Takt und malen dazu nach Belieben abstrakte Linien, Punkte, Muster oder Formen mit der Fingerfarbe auf die Tapete.
Ist das Stück zu Ende, wechseln sie mit den Fingerfarben zu der anderen Leinwand und malen zu dem Stück im 4/4-Takt.
Am Ende betrachten die Kinder ihre Gemälde und vergleichen sie miteinander: Gibt es Unterschiede, die durch die unterschiedlichen Taktarten entstanden sein könnten? Was macht die Unterschiede aus?

Rhythmusschläge zählen

Alter: ab 7 Jahren
Material: 1 Rassel pro Kind

Alle Kinder sitzen mit einer Rassel im Kreis. Die Spielleitung spielt einen einfachen Rhythmus, indem sie z. B. vier Schläge mit der Rassel und vier Schläge mit der Hand auf den Oberschenkeln im Wechsel macht. Die Kinder versuchen den Rhythmus nachzumachen.
Nach einer Weile ruft die Spielleitung ein Kind auf, das einen neuen Rhythmus vorstellt, z. B. abwechselnd zwei Schläge mit der Rassel und zwei Stampfer oder acht Schläge mit der Rassel und achtmal mit dem Kopf nicken oder vier Schläge mit der Rassel nach rechts und vier nach links …

Variante

Die Spielleitung teilt den Kreis in zwei gleichgroße Hälften. Auf ein Startzeichen macht die erste Gruppe z. B. vier Klatscher, die zweite direkt daran anschließend vier Schläge mit der Rassel. Klappt das ohne Verzögerungen im Wechsel?

Im Viervierteltakt

Alter: ab 4 Jahren
Material: „Kennst du den Zahlentanz?" (→ S. 79)

Die Kinder bilden einen Kreis und legen die Hände von hinten auf die Schultern des linken Nachbarkindes. Sie gehen im Uhrzeigersinn als geschlossene Polonaise im Kreis herum und singen dazu die folgenden Zeilen:

„Und dann gehen wir im Kreise,
Zählen auf ganz andre Weise.
Und dann gehen wir im Kreise,
Zählen auf ganz andre Weise.

Sind die Zeilen beendet, bleiben die Kinder stehen und drehen sich zur Kreismitte. Die Spielleitung klatscht im Rhythmus des Liedes weiter im 4/4-Takt. Die Kinder hören aufmerksam zu und versuchen im Takt mitzuklatschen. Sie zählen dabei gemeinsam mit der Spielleitung laut die Taktschläge: *„Eins, zwei, drei, vier, eins, zwei, drei, vier …"*
Unterstützend wird dazu der erste Taktschlag durch einen besonders lauten Klatscher betont.
Nach einer Weile singen die Kinder die vier Zeilen noch einmal und klatschen weiter dazu. Gelingt es ihnen, die Klatscher im Takt zu machen und rhythmisch mit ihrem Gesang zu verbinden?

Wie oft klingt die Triangel?

Alter: ab 5 Jahren
Material: 1 Triangel, Klangstäbe o. Ä.

Die Kinder setzen sich mit dem Rücken zur Kreismitte auf den Boden und die Spielleitung setzt sich mit einer Triangel in die Mitte. Sie schlägt die Triangel z. B. dreimal an und zwischendurch ein- oder zweimal die Klangstäbe. Die Kinder zählen innerlich nur die Triangelschläge mit. Folgt kein weiterer Klang, halten sie ihre Hände hoch und zeigen mit den Fingern stumm die Klanganzahl an. Zeigen alle Kinder eine Zahl, bittet die Spielleitung die Kinder, sich umzudrehen. Gibt es bei den Kindern unterschiedliche Zahlen? Die Spielleitung wiederholt die Anzahl der Schläge und alle zählen laut die Triangelschläge mit. So können die Kinder selbst überprüfen, ob sie die richtige Zahl gezeigt haben.
In jeder Runde wechselt die Anzahl der Schläge – je nach Alter der Kinder auf fünf, zehn, zwölf oder zwanzig begrenzt.

Wie viele Entchen schwimmen?

Alter: ab 4 Jahren

Alle Kinder bilden einen Kreis. Ein Kind spielt eine Entenmutter und geht in die Kreismitte. Während alle Kinder auf der Kreisbahn das Kinderlied „Alle meine Entchen" singen, bewegt sich die Entenmutter im Innenkreis wie beim Schwimmen auf einem See umher. Dabei tippt sie hin und wieder einem Kind auf die Schultern, das ihr mit den gleichen Bewegungen folgt. Ist das Lied beendet, bleibt die Entenmutter mit ihren Küken stehen. Wer kann richtig zählen und weiß, wie viele Entenkinder im Kreis stehen? Dabei dürfen die Kinder nicht die Entenmutter mitzählen! Anschließend spielt ein anderes Kind die Entenmutter und wiederholt das Spiel auf die gleiche Art.

Variante für ältere Kinder

Bis zu zehn Kinder spielen Küken und gehen hinter der Entenmutter im Innenkreis herum. Während die Kinder im Kreis das Lied singen, tippt die Entenmutter bis zu zehn Küken nacheinander an, die sich zu den anderen Kindern auf die Kreisbahn begeben. Sobald das Lied beendet ist, sollen die Kinder herausfinden, wie viele Küken die Entenmutter verlassen haben. Zur Kontrolle treten die betreffenden Kinder einen Schritt in Richtung Kreismitte.

Wer spielt die meisten Töne?

Alter: ab 5 Jahren
Material: 1 Paar Klangstäbe für die Hälfte der Kinder

Die Kinder bilden zwei Stuhlreihen, sodass sie sich in zwei Gruppen gegenübersitzen. Eine Gruppe bekommt von der Spielleitung Klangstäbe. Die Spielleitung stellt sich hinter der Gruppe ohne Instrumente auf, sodass sie nur von den Instrumenten-Kindern gesehen werden kann. Sie streckt stumm bis zu zehn Finger gut sichtbar in die Luft.
Auf ein Startzeichen machen die Kinder entsprechend viele Klänge mit ihren Instrumenten und übergeben sie danach an die andere Gruppe.
Die Spielleitung stellt sich nun hinter die andere Kindergruppe und wiederholt das Spiel. Welche Gruppe durfte nach den beiden Durchgängen mehr Klänge machen? Wer die richtige Antwort weiß, übernimmt beim nächsten Mal die Rolle der Spielleitung.

Klangreifen

Alter: ab 4 Jahren
Material: 1 Gymnastikreifen pro Kind, 1 Glockenspiel

Alle Kinder bis auf eines holen sich jeweils einen Reifen, die sie zu einem engen Kreis auf den Boden legen. Das einzelne Kind stellt sich mit dem Glockenspiel in die Kreismitte. Währenddessen stellen sich die übrigen Kinder so in ihre Reifen, dass sie hintereinander auf der Kreisbahn stehen. Zu jedem Glockenspielton, den sie hören, hüpfen sie von Reifen zu Reifen. Dabei zählen sie jeden Sprung laut mit. Das geht so lange, bis das Kind in der Mitte fragt: *„Wie viele Töne habe ich gespielt?"* Die Kinder rufen ihre Antwort laut in die Runde. Das Kind bestätigt eine der richtigen Antworten und tauscht seinen Platz mit einem anderen Kind, das nun mithilfe des Glockenspiels den „Ton angibt".
Hinweis: Je nach Zählfertigkeit der Kinder werden auf dem Glockenspiel max. zehn, zwölf oder zwanzig Töne gespielt.

Variante für ältere Kinder

Das Kind in der Mitte schließt vor Spielbeginn die Augen. Währenddessen streckt die Spielleitung z. B. vier Finger aus. Das Kind öffnet die Augen und schaut den Kindern auf der Kreisbahn zu, die jetzt viermal von Reifen zu Reifen springen. Das Kind in der Mitte zählt eifrig mit und spielt die gleiche Anzahl an Tönen.

Ich spiel auf meinem Glockenspiel

Nr. 8

Musik, Musik, Musik
Ist das Schönste auf der Welt!
Musik, Musik, Musik
Ist, was mir so gut gefällt!

Ich spiel auf meinem Glockenspiel
Ein Lied, das mir gefällt.
Sehr viele Töne hat ein Lied.
Hör gut zu und zähl jetzt mit:

Jetzt möchte ich euch fragen:
Welches Kind kann die richtige Anzahl der
Töne sagen?

Die Spielleitung spielt auf dem Glockenspiel z. B.:

- *einen einzelnen Ton (1)*
- *einen Dreiklang (3)*
- *Tatütata (4)*
- *Die ersten vier Töne von „Bruder Jakob“ (4)*
- *Die ersten sechs Töne von „Alle meine Entchen“ (6)*
- *eine Tonleiter (8).*

Material: 1 Glockenspiel; evtl. 1 Glockenspiel pro Kind

Haben alle Kinder ein Glockenspiel, können sie alles, was die Spielleitung auf ihrem Glockenspiel vorspielt, gleich mit- oder nachspielen. Oder sie singen die einzelnen Töne nach und versuchen die Anzahl zu benennen.

Variante für ältere Kinder

Die Kinder erfinden neue Melodien oder Tonfolgen, bei deren Wiederholung sie laut die Töne mitzählen.

Musikalische Zahlenkarten

Alter: ab 5 Jahren
Material: 10 weiße Karten oder Zettel, 1 schwarzer Filzstift, 1 Rhythmusinstrument pro Kind

Vorbereitung
Die Spielleitung schreibt auf jede Karte eine Zahl von eins bis zehn.

Spielablauf
Die Kinder legen die Karten verdeckt durcheinander auf einen Tisch und stellen sich mit jeweils einem Instrument um den Tisch herum. Ein Kind dreht eines der Blätter um und sagt z. B. zu einem anderen Kind: *„Tamara, schlage bitte so oft deine Triangel an!"* *Tamara* schaut auf die Zahl und versucht die entsprechende Anzahl an Tönen zu machen. Klappt das, setzt sie das Spiel mit einer neuen Karte fort. Wenn nicht, dreht sie die Karte wieder um und das Ausgangskind wiederholt das Spiel, indem es ein weiteres Kind aufruft, eine neue Karte umdreht und z. B. sagt: *„Dominik, schlage bitte so oft auf deine Trommel!"*

Hör und zähl!

Alter: ab 5 Jahren
Material: 3 Glockenspiele, „Ich spiel auf meinem Glockenspiel" (s. o.)

Bis auf drei Kinder sitzen alle auf Kissen im Kreis. In der Mitte platziert die Spielleitung drei Sitzkissen und davor drei Glockenspiele, vor die sich jeweils eines der drei Kinder setzt. Die Spielleitung flüstert zweien der Kinder die gleiche Zahl ins Ohr und dem dritten Kind eine andere Zahl, die sie sich gut merken. Danach singen alle Kinder die folgenden Zeilen des Liedes:

Musik, Musik, Musik
Ist das Schönste auf der Welt!
Musik, Musik, Musik
Ist, was mir so gut gefällt!
Ich spiel auf meinem Glockenspiel
Ein Lied, das mir gefällt.
Sehr viele Töne hat ein Lied.
Hör gut zu und zähl jetzt mit: …

Nun spielt das erste Kind auf seinem Glockenspiel z. B. fünf Töne, das zweite Kind sechs Töne und das dritte Kind wieder fünf Töne. Die anderen Kinder zählen jeden Ton laut mit. Wer weiß am Ende, welche beiden der drei Kinder die gleiche Anzahl an Tönen gespielt haben? Die beiden Kinder geben sich zu erkennen, indem sie aufstehen.

Wie oft habe ich getrommelt?

Alter: ab 4 Jahren
Material: 1 Handtrommel

Die Kinder bilden einen Kreis. Ein Kind stellt sich mit einer Handtrommel in die Mitte und geht auf ein anderes Kind zu. Dabei schlägt es bis zu sechsmal auf seine Trommel. Alle anderen Kinder zählen innerlich jeden Trommelschlag mit. Bleibt das Trommelkind vor dem ausgewählten Kind stehen, versucht dieses die Anzahl der Trommelschläge zu benennen. Sind alle einverstanden, wechseln die beiden Kinder ihre Plätze miteinander. Stimmt die Antwort nicht, wiederholt das Trommelkind die Schläge noch einmal langsam und alle zählen laut mit.

Singen, zählen, klatschen

Alter: ab 6 Jahren
Material: 1 Glockenspiel, „Ich spiel auf meinem Glockenspiel" (➔ S. 86)

Die Kinder gehen paarweise zusammen, geben sich die Hände und gehen durch den Raum. Dabei singen sie die folgenden Zeilen des Liedes:

Musik, Musik, Musik
Ist das Schönste auf der Welt!
Musik, Musik, Musik
Ist, was mir so gut gefällt!
Ich spiel auf meinem Glockenspiel
Ein Lied, das mir gefällt.
Sehr viele Töne hat ein Lied.
Hör gut zu und zähl jetzt mit: …

Nun bleiben alle Paare mit dem Gesicht zueinander stehen. Sie zählen laut mit, wie viele Töne die Spielleitung auf dem Glockenspiel anschlägt, und klatschen sich danach genauso oft gegenseitig mit den Händen ab. Die Kinder bilden neue Paare und wiederholen das Spiel.

Tanzschritte zählen

Alter: ab 6 Jahren
Material: Popmusik im 4/4-Takt

Die Kinder stehen im Kreis und denken sich mit der Spielleitung eine Choreografie aus, bei der sie genau zählen müssen, wie viele Schritte sie wann in welche Richtung machen. Zum Beispiel: Vier Schritte zur Mitte, vier Schritte zurück, acht Schritte in Kreisrichtung, acht Schritte zurück, zwei Sprünge nach vorn, zwei Sprünge zurück, eine Drehung um die eigene Achse …
Zunächst zählen alle Kinder die Schritte laut mit, dann zählen sie nur noch innerlich – und schließlich brauchen sie gar nicht mehr zu zählen!

Glockenspiel-Klänge

Alter: ab 5 Jahren
Material: DIN-A5-Papier, 1 schwarzer dicker Filzstift, 1 Glockenspiel

Vorbereitung
Die Spielleitung legt für jedes Kind ein Blatt bereit und schreibt auf drei bis vier Blätter jeweils die gleiche Zahl zwischen fünf und zehn.

Spielablauf
Die Kinder sitzen mit ihren Blättern im Stuhlkreis, sodass sie nicht neben einem Kind mit der gleichen Zahl sitzen. Die Spielleitung setzt sich mit dem Glockenspiel in die Kreismitte auf den Boden. Sie schlägt einen Ton fünf- bis zehnmal kurz hintereinander an. Die Kinder zählen die Töne mit und vergleichen die Anzahl mit der Zahl auf ihrem Papier. Glauben sie, dass die Zahlen übereinstimmen, heben sie ihr Blatt schnell in die Luft. Das Kind, das die Aufgabe besonders schnell und richtig erfüllt, darf das Spiel mit dem Glockenspiel wiederholen.

Laut und leise

Alter: ab 5 Jahren
Material: 1 Handtrommel

Die Kinder stellen sich in einer Reihe mit dem Rücken an eine Wand. Die Spielleitung stellt sich mit einer Handtrommel mit dem Rücken an die gegenüberliegende Wand. Zu jedem Trommelschlag dürfen die Kinder einen Schritt nach vorn machen. Dabei trommelt die Spielleitung zunächst leise, sodass die Konzentration und Aufmerksamkeit gesteigert wird. Zwischendurch erfolgen immer wieder laute Trommelschläge, die die Kinder mitzählen.
Stehen die Kinder neben der Spielleitung, sind sie am Ziel angekommen. Wer kann jetzt die richtige Anzahl an lauten Trommelschlägen benennen? Die Spielleitung teilt den Kindern das Ergebnis mit und wiederholt das Spiel. Allerdings werden jetzt die leisen Trommelschläge gezählt.

Meeresrauschen

Es ist ein schöner Tag am Meer. Die Sonne scheint angenehm warm vom Himmel herab, wir sitzen im weichen Sand und hören das Meeresrauschen.

Alter: ab 5 Jahren
Material: 1 Kissen pro Kind, 1 Oceandrum, kurze Entspannungsmusik

Die Kinder sitzen im Schneidersitz auf einem Kissen im Kreis. Die Spielleitung spielt eine ruhige Musik ein, die leise im Hintergrund erklingt. Zum Rhythmus der Musik schwenkt sie langsam die Oceandrum, die wie Meeresrauschen klingt. Die Kinder lauschen und versuchen herauszufinden, wie oft sie das Meeresrauschen hören können. Dazu macht die Spielleitung deutliche Pausen zwischen den einzelnen „Wellen".
Ist das Musikstück beendet, sagen die Kinder nacheinander, wie oft sie das Meeresrauschen hören konnten. Zur Kontrolle lässt die Spielleitung die Oceandrum ohne Hintergrundmusik noch einmal genauso oft erklingen. Dieses Mal zählen alle Kinder laut mit!

Auf die Tonleiter!

Bei diesem Spiel erfahren die Kinder durch den Einsatz ihres Körpers, dass eine Tonleiter aus acht Tönen besteht.

Alter: ab 5 Jahren
Material: Kreide oder Seile, 1 Glockenspiel

Die Spielleitung malt mit Kreide oder legt mit Seilen acht große Felder hintereinander wie ein überdimensioniertes Hüpfkästchen auf den Boden. Sie beginnt eine Tonleiter auf dem Glockenspiel zu spielen und die Kinder gehen bei jedem Ton ein Feld weiter. Wie viele Felder sind sie am Ende weitergegangen?
Anschließend gehen sie zum Klang des Glockenspiels Stufe für Stufe wieder zurück und zählen dabei laut von acht bis eins runter.

Variante für ältere Kinder

Für Grundschulkinder bieten sich Intervallsprünge an: Die Spielleitung spielt nicht alle Töne, sondern lässt zwischendurch einen Ton aus und spielt den übernächsten. Hören die Kinder das und können eine Stufe überspringen? Dabei lassen sich natürlich auch die Tonnamen der C-Dur-Tonleiter lernen!

Tiefe oder hohe Töne?

Alter: ab 6 Jahren
Material: 2 gleiche dünnwandige Gläser

Die Spielleitung füllt das eine Glas fast bis zum Rand mit Wasser und das andere Glas nur so weit, dass der Boden bedeckt ist.
Während die Kinder einen Stuhlkreis bilden, setzt sich die Spielleitung mit den beiden Gläsern in die Kreismitte. Sie benetzt zwei Finger mit Wasser und fährt über den oberen Rand eines Glases, sodass es anfängt zu klingen. Das volle Glas erzeugt tiefe Töne, das fast leere Glas hohe Töne. Sie bringt eines der Gläser bis zu zehnmal hintereinander zum Klingen mit deutlichen Pausen dazwischen. Handelt es sich um hohe Töne, stehen die Kinder auf und zeigen, sobald die Spielleitung fertig ist, mit ihren Fingern die Anzahl der Töne an. Hören die Kinder tiefe Töne, setzen sie sich auf den Boden vor ihren Stuhl und zeigen am Ende ebenfalls die entsprechende Anzahl an Tönen an.
Anschließend darf eines der Kinder, das richtig reagiert und gezählt hat, die Rolle der Spielleitung übernehmen und das Spiel wiederholen.

Es läutet siebenmal!

Alter: ab 4 Jahren
Material: 1 Glocke mit Stiel

Die Kinder stehen in einem großzügigen Kreis. In der Kreismitte platziert die Spielleitung die Glocke. Sie geht auf drei Kinder zu und flüstert einem von ihnen die Zahl Sieben und den beiden anderen Kindern jeweils eine andere Zahl ins Ohr.
Eines der drei Kinder geht in die Kreismitte und läutet z. B. fünfmal die Glocke. Es geht zu seinem Platz zurück und das zweite Kind läutet die Glocke, z. B. siebenmal. Das ist das Startzeichen für alle Kinder, sich möglichst schnell auf den Boden zu knien: Wer das verpasst, kann von dem Siebener-Kind abgeschlagen werden! Kann es ein Kind erwischen, bevor es sich hinkniet, tauscht es mit ihm den Platz.
Anschließend beginnt eine neue Spielrunde.

Taler, Knete, Mäuse, Piepen

Zählen mit Geld, Münzen und Währungen

Für Kinder im Vor- und Grundschulalter ist es ein großes Vergnügen, wenn sie im Supermarkt z. B. die Preise von zwei verschiedenen Zwiebacksorten vergleichen, das günstigere Produkt ausfindig machen und an der Kasse selbst bezahlen dürfen.

Zudem helfen Zahlenspiele rund ums Geld, dass die Kinder den Wert von verschiedenen Münzen und Geldscheinen kennen- und dadurch besser einschätzen lernen. Sie üben die einzelnen Zahlen auf Münzen und Geldscheinen bewusst wahrzunehmen, unterschiedliche Münzen zu sortieren, gleiche Geldbeträge zu entdecken, Zehn-Cent-Münzen als Zehnerbündelung zu erkennen, aber auch Zahlen zu zerlegen, indem sie einzelne Geldstücke wechseln. Darüber hinaus erhalten sie einen Überblick über verschiedene Währungen wie Dollar, Franken oder Rubel.

Unabhängig davon sollten alle Kinder von klein auf erfahren, dass nicht alles, was man kaufen kann, auch tatsächlich gebraucht wird. Sie begreifen andererseits, dass es viele Dinge gibt, die sie mit Geld nicht bezahlen können, und entdecken den Unterschied zwischen Marktwert und persönlichem Wert.

Geld, Geld, Geld

Nr. 9

Intro (gesprochen)

Flöhe, Mücken, Mäuse, Rappen,
Piepen, Möpse, Heu und Lappen,
Knete, Eier, Blech und Taler –
Ich bin heut der Geldscheinmaler!

Refrain:
Geld, Geld, Geld, wie bezahlt die Welt?
Wenn mir was gefällt, brauch ich etwas Geld!
Geld, Geld, Geld, Geld regiert die Welt!
Wenn dir was gefällt, brauchst du etwas Geld!
Kaufen, schauen oder shoppen,
Heute kann uns keiner stoppen!
Wie bezahlt die Welt? Mit Geld, Geld, Geld!
Dennoch: Alles Geld ist nicht alles, was zählt!

1. Asche, Schotter, Kies, Moneten,
Ohne Moos fehl'n dir die Kröten!
Kohle in Papier und Stücken,
Damit kannst du mich beglücken.
Bargeld, Scheine, kurz: Penunzen
Hör ich schon im Sparschwein grunzen.
Money, Mammon, Pinke-Pinke,
Ist es weg, dann winke, winke!

Refrain:
Geld, Geld, Geld, wie bezahlt die Welt …

2. Schekel, Złoty, Leu, Lempira,
Gulden schulden oder Lira,
Rupie, Kwanza, Won und Kwacha,
Euros sind bei uns der Kracher!
Dollar, Peso und Real,
Franken, Rubel, ganz egal,
Rand und Krone nehm ich mit.
Pfund und Yen sind auch der Hit!

Refrain:
Geld, Geld, Geld, wie bezahlt die Welt …

3. Sparstrumpf, Beutel, Portemonnaie,
Der Tresor? Ach nein, oh nee!
Die Matratze in den Betten?
Mich kann nur ein Konto retten!
Sonderangebot, Prozente,
Spar nicht alles für die Rente!
Das ist billig, das ist teuer,
Dieser Preis ist ungeheuer!

Refrain:
Geld, Geld, Geld, wie bezahlt die Welt …

Refrain (Fade-Out/Outro):
Geld, Geld, Geld, wie bezahlt die Welt?
Wenn mir was gefällt, brauch ich etwas Geld!
Geld, Geld, Geld, Geld regiert die Welt!
Wenn dir was gefällt, brauchst du etwas Geld!
Geld, Geld, Geld, bist du auch kein Held,
Hast du etwas Geld, dann beweg die Welt!
Geld, Geld, Geld, gib mir etwas Geld!
Was mir auch gefällt, alles kostet Geld!

Beim gesprochenen **Intro** stehen die Kinder vor ihren Stühlen im Kreis. Sie bilden zwei Fäuste und strecken für jeden Geldbegriff einen Finger aus. Für den elften und zwölften Begriff heben sie nacheinander kurz den rechten und den linken Fuß. In der letzten Zeile zeichnen sie den Umriss eines Geldscheins in die Luft.

Zum **Refrain** reiben die Kinder bei *„Geld, Geld, Geld!"* den Daumen mehrmals gegen den Zeigefinger. In der 2. Zeile deuten sie auf sich selbst und in der 4. Zeile auf irgendein Kind im Kreis. In der 5. Zeile gehen sie auf der Stelle und bleiben bei der 7. Zeile stehen. Sie greifen sich fragend an den Kopf und machen erneut die Reibbewegung mit den Fingern. Bei der letzten Zeile schütteln sie verneinend den Kopf.

Bei den **Strophen** bieten sich folgende Bewegungen an:
1. Strophe: In der 4. Zeile deuten sie auf sich selbst und schütteln ihren Kopf. In der 6. Zeile halten sie eine Hand an ihr Ohr. Am Ende winken sich die Kinder gegenseitig zu.
2. Strophe: In der 7. Zeile deuten die Kinder auf sich selbst. Am Schluss strecken sie vor Begeisterung ihre Hände in die Luft.
3. Strophe: In der 2. Zeile schütteln die Kinder ihren Kopf. In der 3. Zeile kratzen sie sich am Kopf und tun so, als ob sie überlegen würden. Am Ende stemmen sie die Hände in die Hüften und machen einen wütenden Gesichtsausdruck.

Ist das Lied beendet, setzen sich alle Kinder auf ihre Stühle. Die Spielleitung gibt folgende Fragen als Anregung in die Runde und erklärt Begriffe, die die Kinder noch nicht kennen:

- *„Was wisst ihr über Geld?*
- *Was können wir mit Geld alles machen oder kaufen? Was nicht?*
- *Warum gibt es verschiedene Währungen?*
- *Welche Zahlen kommen auf Geldstücken und Scheinen vor?*
- *Was ist ein Konto?*
- *Was könnt ihr für Taschengeld kaufen?*
- *Was ist ein Angebot?“*

Wie bezahlt die Welt?

Alter: ab 5 Jahren
Material: Münzen aus anderen Währungen, „Geld, Geld, Geld“ (→ S. 93)

Vorbereitung

Gemeinsam mit der Spielleitung schauen sich die Kinder die Münzen an. Sie besprechen, aus welchem Land sie stammen und welche Zahlen sich darauf befinden.

Spielablauf

Die Kinder stehen im Kreis und die Spielleitung gibt jedem zweiten Kind eine Münze. Während die Kinder den Refrain des Liedes singen, geben sie die Münzen im Uhrzeigersinn von Hand zu Hand. Am Ende des Refrains ruft die Spielleitung ein Kind auf, das in die Kreismitte geht und seine Münze vorstellt. Dabei versucht es das Herkunftsland der Münze, aber auch die Zahl bzw. den Geldbetrag zu benennen. Anschließend wird das Spiel auf die gleiche Art wiederholt.

Zwei gleiche Münzen?

Dieses Spiel eignet sich für die Einführung der verschiedenen Cent-Münzen. Sie allein anhand ihrer Größe unterscheiden zu wollen, ist manchmal gar nicht so einfach. Dadurch lernen die Kinder, beim Einkaufen genau hinzusehen, mit welchen Münzen sie bezahlen.

Alter: ab 5 Jahren
Material: von jeder Cent-Münze 2 Exemplare, 1 Leintuch; evtl. je 2 Münzen aus anderen Währungen

Die Kinder legen alle Cent-Münzen auf einen Tisch und breiten darüber ein Leintuch aus. Vier Kinder setzen sich um den Tisch herum und greifen nacheinander mit ihren Händen unter das Leintuch, um möglichst zwei gleiche Cent-Münzen zu ertasten und diese den anderen Kindern zu zeigen. Wer weiß, wie die Münzen heißen? Sind es unterschiedliche Münzen, überlegen die Kinder, welche mehr wert ist.
Hat ein Kind zwei gleiche Münzen ertastet, behält es sie bis zum Ende des Spiels und greift gleich noch einmal unter das Leintuch. Ansonsten legt es die beiden Münzen wieder zurück und der Nächste ist an der Reihe. Werden alle Paare durch Tasten gefunden?

Was kann man kaufen?

Alter: ab 4 Jahren
Material: DIN-A4-Papier, 1 weicher Bleistift pro Kind, von jeder Cent- und Euro-Münze 1 Exemplar, je 1 Fünf-, Zehn- und Zwanzig-Euro-Schein, 1 weißer Tonkarton, Klebstoff, Buntstifte

Vorbereitung
Die Spielleitung zeigt den Kindern sämtliche Cent- und Euro-Münzen, die es gibt. Zudem bringt sie Geldscheine bis zu 20 Euro mit.
Die Kinder stellen ihr eigenes Spielgeld her, indem sie die einzelnen Münzen unter ein weißes Papier legen, abpausen und kreisrund ausschneiden. Sie verstärken die Münzen, indem sie sie auf Tonkarton aufkleben und noch einmal ausschneiden. Auf die Rückseite des Tonkartons kommt die gepauste Rückseite der jeweiligen Münze.
Währenddessen kopiert die Spielleitung die vordere und hintere Seite eines Fünf-, Zehn- und Zwanzig-Euro-Scheins für jedes Kind. Die Kinder schneiden ihre Scheine aus, kleben die passenden Teile zusammen und schraffieren jeden Schein in der passenden Farbe.

Spielablauf
Die Kinder bilden einen Stuhlkreis und überlegen gemeinsam, was sie alles für Geld kaufen können. Danach besprechen sie miteinander die Sachen, die es für kein Geld in der Welt gibt.
Konnten die Kinder genügend Dinge aufzählen, holen sie ihre Ein-Euro-Spielgeldmünzen. Ein Kind hält seine Münze gut sichtbar in die Luft und sagt z. B.: *„Glück kann man kaufen!“* Daraufhin strecken alle Kinder, die glauben, dass das stimmt, ihre Münze ebenfalls in die Luft. Wer nicht dieser Meinung ist, bleibt ruhig sitzen. Reihum im Kreis wiederholen die Kinder das Spiel auf die gleiche Art.

Geldstücke sortieren

Alter: ab 4 Jahren
Material: Spielgeld (s. o. „Was kann man kaufen?"), 1 Glocke

Die Kinder bilden zwei gleichgroße Gruppen und setzen sich jeweils an einen Tisch. Die Spielleitung legt von jeder der acht Cent- und Euro-Spielgeldmünzen jeweils zehn auf jeden der beiden Tische.
Erklingt die Glocke, sortieren alle Kinder so schnell wie möglich die gleichen Geldstücke zueinander und legen sie in zehn Stapeln nebeneinander. Welche Gruppe ist am schnellsten fertig? Und sind die Münzen tatsächlich alle richtig sortiert?

Wo steckt der niedrigste Betrag?

Alter: ab 4 Jahren
Material: 20 blickdichte Plastikbecher, Spielgeldmünzen (s. o. „Was kann man kaufen?")

Die Spielleitung verteilt auf einem Tisch 20 umgestülpte Plastikbecher und legt unter jeden eine Cent- oder Euro-Münze, die z. T. mehrmals vorkommen.
Die Kinder setzen sich um den Tisch herum und drehen nacheinander die einzelnen Becher um. Sind alle Becher umgedreht, versuchen sie so schnell wie möglich den niedrigsten Geldbetrag ausfindig zu machen und zu benennen. Wer kann zusätzlich spontan sagen, wie oft dieser Geldbetrag auf dem Tisch liegt? Wer das am schnellsten weiß, fragt in der nächsten Spielrunde z. B., wie viele Zwanzig- oder Fünfzig-Cent-Münzen auf dem Tisch liegen.

Wohin mit dem Geld?

Alter: ab 5 Jahren
Material: 1 Portemonnaie, 1 Sparstrumpf, 1 abschließbare Kasse, 1 Sparbuch, 1 Sparbüchse oder Sparschwein

Vorbereitung
Auf einem Tisch legt die Spielleitung alle Materialien bereit. Die Kinder versuchen die einzelnen Dinge zu benennen und besprechen miteinander, wo sie ihr gespartes Geld überall aufbewahren können und wozu eigentlich ein Sparbuch gut ist. Spielen ältere Kinder mit, wird zusätzlich der Begriff „Konto" erklärt.

Spielablauf
Die Spielleitung beschreibt einen der Gegenstände, indem sie z. B. sagt: *„Du gehst damit einkaufen und hast darin griffbereit dein Geld aufbewahrt!"* Das Kind, das am schnellsten *„Portemonnaie"* ruft, darf es sich wegnehmen. Anschließend sagt die Spielleitung z. B.: *„Durch einen Schlitz kannst du dein Geld hineinstecken und darin aufbewahren!"* Auf diese Weise wird das Spiel immer weitergeführt, bis alle Gegenstände verteilt sind.

Variante
Die Kinder schließen die Augen, während die Spielleitung bis zu drei Gegenstände vom Tisch wegnimmt. Die Kinder öffnen wieder ihre Augen: Finden sie heraus, welche Gegenstände fehlen? Und wer weiß noch, wie sie heißen? Zur Kontrolle legt die Spielleitung die Gegenstände wieder auf ihren Ausgangsplatz. Danach beginnt eine neue Spielrunde!

Zahlen auf dem Geld

Alter: ab 5 Jahren
Material: Spielgeld-Centmünzen (➜ S. 96 „Was kann man kaufen?“); evtl. Spielgeld-Scheine bis 20 Euro und Spielgeld-Euromünzen (➜ S. 96)

Die Spielleitung legt alle Spielgeld-Centmünzen auf einem Tisch bereit, um den sich die Kinder drum herum setzen. Nennt sie z. B. die Zahl Zwei, schauen alle Kinder auf die einzelnen Geldstücke und versuchen so schnell wie möglich mit der flachen Hand die Zwei-Cent-Münze zu berühren. Wer das als Erster schafft, darf eine neue Zahl benennen.

Variante für ältere Kinder

Die Spielleitung verteilt Spielgeldbeträge bis 20 Euro auf dem Tisch. Nennt die Spielleitung z. B. die Zahl Zehn, können die Kinder sowohl die Zehn-Cent-Münze als auch den Zehn-Euro-Schein berühren.

Wo liegen gleich viele Euros?

Alter: ab 6 Jahren
Material: 4 Teller und 20 Ein-Euro-Spielgeldmünzen (➜ S. 96 „Was kann man kaufen?“) pro Kleingruppe

Die Kinder bilden Kleingruppen. Jede Gruppe setzt sich an einen Tisch und erhält vier Teller. Daneben legt die Spielleitung 20 Ein-Euro-Spielgeldmünzen.
Die Kinder bekommen die Aufgabe die Münzen so zu verteilen, dass auf zwei Tellern die gleiche Anzahl an Geldstücken liegt, während die anderen beiden Teller leer bleiben. Zur Kontrolle zählen die Kinder die Anzahl der Münzen auf jedem Teller.
Danach stellen sie eine neue Ordnung her, indem sie auf alle vier Teller jeweils die gleiche Anzahl an Münzen verteilen.

Der Wert des Geldes

Alter: ab 4 Jahren
Material: 1 Satz Spielgeld-Centmünzen (➜ S. 96); evtl. 1 kompletter Satz Spielgeld (➜ S. 96)

Die Spielleitung sortiert gemeinsam mit den Kindern die Münzen nach ihrem Wert: Ausgehend von einer Ein-Cent-Münze legen die Kinder nacheinander jeweils eine Zwei-, Fünf-, Zehn-, Zwanzig- und Fünfzig-Cent-Münze auf einen Tisch in einer Reihe.
Die Kinder schließen ihre Augen und die Spielleitung nimmt eine der Münzen weg. Die Kinder öffnen ihre Augen wieder: Wer weiß, welche Münze fehlt? Und wo lag die Münze? Konnten die Kinder die Frage beantworten, holt die Spielleitung die Münze wieder hervor und legt sie auf ihren Platz zurück. Danach beginnt eine neue Spielrunde.
Beherrschen die Kinder das Spiel, können sie die logische Reihe durch höhere Geldbeträge erweitern.

Variante für ältere Kinder

Die Münzreihe wird um Euro-Münzen und Geldscheine erweitert. Die Spielleitung entfernt bis zu drei Münzen und Scheine. Zusätzlich schließt sie die entstehenden Lücken, indem sie die übrigen Münzen und Scheine aneinanderschiebt.

Geld erkennen

Alter: ab 4 Jahren
Material: 1 Blatt Papier und 1 Bleistift pro Kind, von jeder Cent-Münze mehrere Exemplare, 1 Satz Spielgeld-Centmünzen (→ S. 96)

Vorbereitung
Jedes Kind paust alle Cent-Münzen einmal auf ein Blatt Papier ab.

Spielablauf
Die Kinder verteilen alle sechs Spielgeld-Centmünzen auf einem Tisch und setzen sich mit ihren Paus-Blättern darum herum. Ein Kind deutet auf eine der Münzen. Wer als Erster den Abdruck auf seinem Blatt findet und zudem den Wert der Münze benennen kann, erhält die Münze und darf diese auf den Abdruck auf seinem Papier legen. Danach wiederholt das Kind das Spiel. Erst wenn alle Münzen auf dem Tisch auf jeweils einem passenden Abdruck liegen, ist das Spiel aus. Gewonnen hat, wer die meisten Münzen auf seinen Abdrücken platzieren konnten.

Variante
Ein Einzelspiel, bei dem jedes Kind in seinem eigenen Tempo arbeiten kann: Jedes Kind erhält Cent- und Euro-Münzen zum Abpausen und einen Satz Spielgeld. Es ordnet wie beim Bilderlotto die Münzen den Pausabdrücken zu.

In Reih und Glied

Alter: ab 5 Jahren
Material: mehrere Sätze Spielgeld-Centmünzen (→ S. 96); evtl. mehrere komplette Sätze Spielgeld (→ S. 96)

Die Kinder bilden Kleingruppen und setzen sich um jeweils einen Tisch herum, auf dem die Spielleitung das Spielgeld verteilt.
Auf ein Startsignal legen die Kinder die Münzen in eine Reihe, und zwar so, dass sie mit dem niedrigsten Betrag beginnen und mit dem höchsten Betrag enden. Welche Gruppe erfüllt die Aufgabe nicht nur richtig, sondern auch am schnellsten?

Variante für ältere Kinder
Die Kinder ergänzen die Reihe mit Ein- und Zwei-Euro-Münzen sowie Fünf-, Zehn- und Zwanzig-Euro-Scheinen. In der ersten Spielrunde beginnen sie mit dem niedrigsten und enden mit dem höchsten Betrag. In der zweiten Spielrunde fangen sie mit dem höchsten Betrag an, um mit dem niedrigsten Betrag zu enden.

Wie viel Geld ist im Sparschwein?

Wo kann man überall sein Geld aufbewahren? Und wozu genau ist ein Sparschwein gut? Die Kinder besprechen die Fragen mit der Spielleitung, bevor sie das Spiel beginnen.

Alter: ab 5 Jahren
Material: 1 Augenbinde pro Kind, 1 Sparschwein oder Spardose aus Metall oder Keramik, 10 × Ein-Euro-Münzen; evtl. Zwei-Euro-Münzen

Alle Kinder sitzen im Stuhlkreis und lassen sich von der Spielleitung die Augen verbinden. Die Spielleitung stellt sich mit einem leeren Sparschwein und insgesamt zehn Ein-Euro-Münzen in die Kreismitte. Nacheinander steckt sie bis zu zehn Münzen durch den Schlitz des Sparschweins, sodass die Münzen klirrend hineinfallen. Die Kinder hören aufmerksam zu, um die Anzahl der Münzen herauszuhören. Anschließend nehmen sie ihre Augenbinden ab und sagen nacheinander, wie viele Münzen sie gehört haben. Am Ende holt die Spielleitung die Münzen wieder heraus und die Kinder können sie gemeinsam zählen.

Variante für ältere Kinder

Die Spielleitung wirft bis zu fünf Ein- und Zwei-Euro-Münzen in das Sparschwein. Haben sich die Kinder auf die Anzahl der Münzen geeinigt, die sie gehört haben, zählen sie die Münzen, die die Spielleitung aus dem Schwein herausholt. Dabei werden sie feststellen, dass es sich hierbei um unterschiedliche Münzen handeln kann. Können sie den Gesamtbetrag auszählen?

Der erste Euro kommt herbei

Alter: ab 5 Jahren

Der erste Euro kommt herbei,
Faust machen und den Daumen ausstrecken
der Nächste ist die Nummer zwei,
Zeigefinger ausstrecken
der dritte Euro ziert sich sehr,
Mittelfinger mit der anderen Hand nach oben drücken
der vierte hüpft vergnügt daher,
Ringfinger ausstrecken und auf und ab hüpfen lassen
der fünfte Euro kommt gerollt,
kleinen Finger ausstrecken und Hand im Kreis bewegen
der sechste Euro heftig schmollt.
Daumen der anderen Hand ausstrecken und Unterlippe vorschieben

Geld-Memory

Alter: ab 6 Jahren
Material: 20 blickdichte Plastikbecher, mehrere Ein-, Zwei-, Fünf- und Zehn-Cent-Spielgeld-Münzen (→ S. 96); evtl. 2 komplette Sätze Spielgeld-Münzen (→ S. 96)

Vorbereitung
Die Becher werden umgestülpt auf einem Tisch verteilt. Die Spielleitung legt unter jeweils zwei Plastikbecher den gleichen Geldbetrag. Dabei können sich z. B. unter einem Becher drei Ein-Cent-Münzen und unter einem anderen Becher eine Zwei-Cent- und eine Ein-Cent-Münze befinden. Die Geld-

beträge sind jedoch nicht höher als 10 Cent und jeder Geldbetrag ist nur zweimal in einer bestimmten Höhe im Spiel.

Spielablauf

Wie beim Memory heben die Kinder nacheinander jeweils zwei Becher hoch und vergleichen die beiden Geldbeträge miteinander. Handelt es sich um den gleichen Geldbetrag, dürfen sie die Münzen und die Becher behalten und zwei weitere Becher hochheben. Sollte es sich um zwei unterschiedliche Beträge handeln, decken sie die Münzen wieder mit den Bechern zu und das nächste Kind ist an der Reihe.

Erst wenn alle Geldbeträge eingesammelt wurden, dürfen die Kinder ggf. mithilfe der Spielleitung ihre Münzen zusammenrechnen. Sieger ist das Kind, das den höchsten Geldbetrag hat.

Variante für jüngere Kinder

Unter 16 Bechern werden alle acht verschiedenen Münzen zweimal versteckt. Die Kinder versuchen nach den Memory-Regeln die gleichen Münzen zu finden.

Genau zehn Cent

Alter: ab 6 Jahren
Material: mehrere Ein-, Zwei-, Fünf- und Zehn-Cent-Spielgeld-Münzen (→ S. 96); evtl. viele Ein-Euro-Spielgeldmünzen, 1 Zehn-Euro-Spielgeldschein pro Kind

Die Kinder bilden Kleingruppen von vier bis sechs Kindern und erhalten jeweils eine Zehn-Cent-Münze, die sie direkt vor sich auf den Tisch legen. Zudem verteilt die Spielleitung jede Menge Münzen bis 10 Cent gut sichtbar auf dem Tisch.
Danach dürfen sich alle Kinder Münzen nehmen, die zusammen den Betrag 10 Cent ergeben. Dazu können die Kinder direkt über ihre Zehn-Cent-Münze z. B.

- 10 Ein-Cent-Münzen
- 5 Zwei-Cent-Münzen
- 2 Fünf-Cent-Münzen
- 1 Fünf-Cent-, 2 Zwei-Cent und 1 Ein-Cent-Münze

legen. Sind alle Gruppen fertig, zählen sie die Münzen bei jeder anderen Gruppe nach. Konnten alle Gruppen den Geldbetrag richtig legen? Und wie viele Möglichkeiten konnten die Kinder insgesamt finden? Gibt es noch mehr?

Variante für jüngere Kinder

Auf dem Tisch befinden sich jede Menge Ein-Euro-Münzen. Zudem erhält jedes Kind einen Zehn-Euro-Schein. Wer schafft es innerhalb einer bestimmten Zeit, 10 Ein-Euro-Münzen auf seinen Schein zu legen?

Kann ich mir das leisten?

Alter: ab 5 Jahren
Material: Spielgeldmünzen (→ S. 96), Kaufladenzubehör wie Gemüse, Obst, Brot, Käse und Eier (aus Plastik, Holz oder Pappmachee)

Die Kinder bilden einen Stuhlkreis und stellen einen Tisch in die Mitte, auf dem sie unterschiedliche Dinge aus dem Kaufladen platzieren. Ein Kind stellt sich als VerkäuferIn hinter den Tisch und preist seine Ware an. Alle übrigen Kinder erhalten jeweils eine Spielgeldmünze zwischen 10 Cent und 2 Euro.
Der Verkäufer nimmt z. B. ein Stück Käse, hält es gut sichtbar in die Luft und ruft: *„Wer möchte ein Stück Käse für 50 Cent kaufen?“* Wer eine Fünfzig-Cent-Münze in den Händen hält, ruft: *„Ich möchte das Stück Käse kaufen!“* Der Verkäufer wählt eines der betreffenden Kinder aus, das ihm sein Geldstück überreicht und mit ihm den Platz tauscht.
Alle paar Spielrunden geben die Kinder ihre Münze einmal nach rechts im Kreis weiter, damit alle ein neues Geldstück in den Händen halten.

Wer spart das meiste Geld?

Alter: ab 5 Jahren
Material für 4–6 Kinder: 1 Sparschwein oder Spardose, quadratische Notizzettel, 1 Stoffsäckchen, viele Ein-Euro-Spielgeldmünzen (➜ S. 96), 1 Würfel und 1 Spielfigur pro Kind

Vorbereitung
Die Spielleitung stellt ein Sparschwein in die Mitte eines großen Tischs. Die Kinder setzen sich darum herum und erhalten jeweils sechs Notizzettel. Sie falten jeden Zettel zweimal zur Hälfte und wieder auseinander, sodass vier kleine Quadrate entstehen. Sie schneiden die Quadrate einzeln aus und legen daraus einen Weg aus 24 Würfelfeldern von ihrem Platz ausgehend hin zu dem Sparschwein.
Die Kinder füllen ein Säckchen mit Ein-Euro-Spielgeldmünzen, holen sich jeweils einen Würfel und eine Spielfigur, die sie auf ihr erstes Würfel-Papierfeld vor ihnen stellen.

Spielablauf
Alle Kinder würfeln gleichzeitig. Sie rücken entsprechend der Augenzahl mit ihren Spielfiguren nach vorn. Zusätzlich darf das Kind, das in dieser Runde die höchste Punktzahl gewürfelt hat, pro Würfelauge eine Münze aus dem Säckchen nehmen.
Die Kinder setzen das Spiel auf diese Weise fort, bis alle Kinder mit ihrer Figur direkt vor dem Sparschwein stehen. Wer früher ankommt als die anderen, wartet dort, würfelt aber in jeder Runde weiter mit und bekommt auch – bei höchster Augenzahl – weiterhin Münzen.
Stehen alle vor dem Sparschwein, zählt jedes Kind seine Ein-Euro-Münzen. Wer von ihnen hat wohl das meiste Geld für das Sparschwein gespart? Dabei kann es natürlich sein, dass ein Kind gar nichts gespart hat – vielleicht gelingt das Sparen in der nächsten Runde?

Wo ist der Sparstrumpf?

Alter: ab 4 Jahren
Material: 2 Socken, 20 Ein-Euro-Spielgeldmünzen (➜ S. 96), „Geld, Geld, Geld“ (➜ S. 93)

Alle Kinder sitzen im Halbkreis direkt vor einer Wand, während zwei Paare vor die Türe gehen. Die Spielleitung steckt vor den Augen der Kinder im Halbkreis jeweils bis zu zehn Ein-Euro-Münzen in jede der beiden Socken. Danach dürfen zwei Kinder aus dem Halbkreis jeweils einen der beiden „Sparstrümpfe“ im Raum verstecken.
Sie holen die beiden Paare in den Raum zurück, die sich auf die Suche nach den Sparstrümpfen machen. Dabei singen alle übrigen Kinder so lange das Lied, bis beide Paare jeweils einen Strumpf entdeckt haben.
Die Paare stellen sich vor die Kinder, leeren ihre Strümpfe und zählen das Geld. Welches Paar findet in seinem Sparstrumpf die meisten Euros?

Mehr oder weniger?

Alter: ab 6 Jahren
Material: 1 Satz Ein-, Zwei-, Fünf- und Zehn-Cent-Spielgeld-Münzen (➜ S. 96) pro Kind

Die Kinder bilden einen Stuhlkreis und alle erhalten einen Satz Cent-Spielgeldmünzen bis 10 Cent. Ein Kind geht in die Mitte, hebt z. B. eine Zwei-Cent-Münze in die Luft und fragt: *„Wer von euch hat mehr als 2 Cent?"* Die betreffenden Kinder erheben sich blitzschnell von ihrem Stuhl. Das Kind geht zu ihnen, um sich die einzelnen Münzen anzusehen. Es wählt eines von denjenigen Kindern aus, die richtig reagiert haben, und tauscht mit ihm den Platz. In der nächsten Spielrunde fragt das neue Kind z. B.: *„Wer von euch hat weniger als 10 Cent?"*

Zählmaschine

Alter: ab 6 Jahren
Material: 10 Ein-Euro-Spielgeldmünzen

Die Spielleitung bildet gemeinsam mit den Kindern einen Kreis und hält insgesamt zehn Ein-Euro-Münzen in den Händen. Sie sagt:
„Die Zählmaschine geht jetzt an
und Niko ist als Erster (Nächster) dran!"
Sie übergibt *Niko,* dem Kind rechts neben ihr, eine Ein-Euro-Münze, die nun von Hand zu Hand im Kreis herumgereicht wird. Hat die Münze das dritte Kind im Kreis erreicht, schickt die Spielleitung eine weitere Münze ins Rennen. Auf diese Weise werden bis zu zehn Münzen so lange im Kreis herumgereicht, bis diese wieder in den Händen der Spielleitung sind. Welches Kind kann am Ende die richtige Anzahl an Münzen benennen, die herumgereicht wurden?

Diebesgut

Ein Dieb hat bei der Eisdiele nebenan die Kasse geklaut und ist auf der Flucht! Dummerweise hat seine Tasche ein Loch und es sind ganz viele Münzen herausgefallen. Wer hilft dabei, sie wieder einzusammeln und dem Eisdielenbesitzer zurückzubringen?

Alter: ab 4 Jahren
Material: 1 Würfel, 1 Spielfigur pro Kind, 1 Stoffsäckchen, viele Ein-Euro-Spielgeldmünzen (➜ S. 96); evtl. 1 DIN-A3-Tonkarton

Vorbereitung
Die Spielleitung kopiert den Spielplan von S. 105 auf DIN A3 vergrößert. Bei Bedarf laminiert sie ihn oder verstärkt ihn mit Tonkarton.

Spielablauf
Die Kinder setzen sich um den Spielplan herum. Sie erhalten einen Würfel und jeder eine Spielfigur, die sie auf das Startfeld stellen. Daneben legen sie die Ein-Euro-Münzen im Säckchen bereit.
Ein Kind würfelt und rückt mit seiner Spielfigur entsprechend der Augenzahl vor. Bleibt es dabei auf einer Ein-Euro-Münze stehen, darf es sich eine Münze aus dem Säckchen nehmen. Reihum würfeln die Kinder und sammeln die Münzen ein. Erst wenn alle Kinder mit ihrer Spielfigur in der Eisdiele angekommen sind, zählen sie ihre Münzen. Wie viele können sie dem Eisdielenbesitzer zurückbringen?

START
ZIEL
Eis

Drei plus drei macht …

Erstes Addieren und Subtrahieren

Das Rechnen mit abstrakten Zahlensymbolen wie 1, 2 und 3 ist für die meisten Kinder im Vorschulalter noch zu schwierig. Im Gegensatz dazu ist die Freude am Zählen und Rechnen besonders groß, wenn die Kinder spielerisch und mit allen Sinnen einen Zugang dazu bekommen.
So können bereits jüngere Kinder zwei unterschiedliche Mengen, z. B. drei Bunt- und vier Wachsmalstifte, die direkt vor ihnen auf dem Tisch liegen, gut zusammenzählen. Zudem können Kinder im Vorschulalter kleine Rechenaufgaben mithilfe des Gehörs lösen, indem sie z. B. eine bestimmte Anzahl an Tönen und Trommelschlägen addieren. Genauso viel Spaß haben Kinder, wenn sie in Bewegung kommen und dabei kleine Additions- und Subtraktionsaufgaben im Zahlenraum von eins bis zehn lösen dürfen.
Bei den folgenden Spielen und Liedern sollen das Interesse, die Neugierde und der Spaß am ersten Rechnen geweckt und gefördert werden. Dabei ist es geradezu erwünscht, dass die Kinder sich bei Bedarf gegenseitig helfen. Auch wenn es hin und wieder Spiele gibt, bei denen sie eine Rechenaufgabe so schnell wie möglich lösen sollen, steht stets im Vordergrund, dass sich alle Kinder am Lernprozess beteiligen und viel Spaß an den einzelnen Rechenaufgaben haben.

Das Eins-Plus-Eins-Lied

Nr. 1

Dieses Lied dient zum Lernen der Zahlen von eins bis zehn und der ersten Additionsaufgaben im Zehnerbereich. Erleichtert wird das durch die jeweils vorhergehenden Reime.

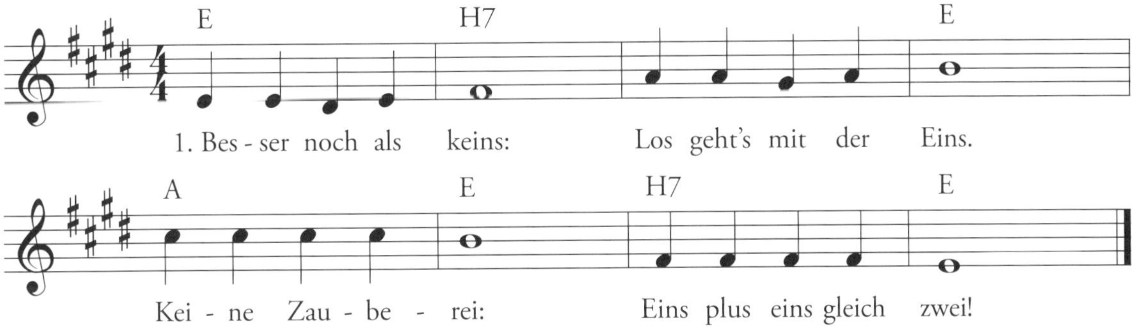

1. Besser noch als keins:
Los geht's mit der ***Eins.***
Keine Zauberei:
Eins plus eins gleich ***zwei!***

2. Einer mehr als zwei:
Zwei plus eins gleich ***drei.***
Ja, so rechen wir:
Drei plus eins gleich ***vier.***

3. Schau in deine Strümpf':
Vier plus eins gleich ***fünf.***
Das weiß jede Hex:
Fünf plus eins gleich ***sechs.***

4. Da steht es geschrieben:
Sechs plus eins gleich ***sieben.***
Einmal mehr gelacht:
Sieben plus eins gleich ***acht.***

5. Da kannst du dich freu'n:
Acht plus eins gleich ***neun.***
Mist, jetzt muss ich geh'n –
Neun plus eins gleich ***zehn.***

Die Spielleitung singt das Lied einmal vor und macht vor jeder Zahl (nach dem „gleich") eine Pause, sodass die Kinder die Zahl nennen können. Singen die Kinder das Lied selbst, stehen sie dazu im Kreis und bilden Fäuste. Ausgehend vom Daumen strecken sie nacheinander die einzelnen Finger aus. Am Ende drehen sie sich mit dem Rücken zur Kreismitte und laufen auseinander.

Plus ein Finger

Dieses Fingerspiel ist hervorragend geeignet, um mit Kindern zunächst im Zahlenraum von eins bis fünf zu rechnen.

Alter: ab 5 Jahren

Als Erster ist der Daumen dran.
Doch jetzt kommt der Zeigefinger an.
Ein Finger plus ein Finger gleich zwei Finger.

Nun sind die zwei Finger dran.
Doch jetzt kommt der Mittelfinger an.
Zwei Finger plus ein Finger gleich drei Finger.

Nun sind die drei Finger dran.
Doch jetzt kommt der Ringfinger an.
Drei Finger plus ein Finger gleich vier Finger.

Nun sind die vier Finger dran.
Doch jetzt kommt der kleine Finger an.
Vier Finger plus ein Finger gleich fünf Finger.

Fünf Finger sind nun zu sehen.
Fünf Finger wollen nach Hause gehen!

Die Kinder bilden mit der rechten Hand eine Faust und strecken erst den Daumen und dann den Zeigefinger aus, die sie nacheinander mit dem Zeigefinger der linken Hand antippen. Danach strecken sie den Mittelfinger aus und tippen mit dem Zeigefinger der linken Hand den Daumen, den Zeige- und den Mittelfinger an. Auf diese Weise wird das Spiel immer weitergeführt. Sind alle fünf Finger ausgestreckt, lassen die Kinder ihre rechte Hand blitzschnell hinter ihrem Rücken verschwinden.

Dosen werfen

Alter: ab 5 Jahren
Material: 12 gleichgroße, leere Konservendosen, 2 Tennisbälle

Vorbereitung

Die Spielleitung stellt zwei Tische nebeneinander auf, sodass die Kinder bequem zwischen den beiden Tischen durchgehen können. Auf beiden Tischen stellt sie jeweils sechs Dosen pyramidenförmig aufeinander.

Spielablauf

Zwei Kinder stellen sich ca. 1 m entfernt vor jeweils einem der Tische auf und erhalten jeweils einen Tennisball. Alle übrigen Kinder bilden einen Halbkreis direkt hinter den beiden Kindern.
Auf ein Kommando der Spielleitung werfen die beiden Kinder gleichzeitig auf die Dosen. Haben sie getroffen, zählen sie, wie viele Dosen sich noch auf ihrem Tisch befinden. Finden die Kinder im Halbkreis heraus, wie viele Dosen insgesamt auf beiden Tischen stehen? Sie addieren die Anzahl der Dosen und teilen nacheinander ihr Ergebnis mit. Zur Kontrolle zählen die beiden Kinder laut die Dosen auf den beiden Tischen. Anschließend wird das Spiel mit zwei weiteren Kindern wiederholt.

Vier Buntstifte und zwei Wachsmalstifte

Alter: ab 5 Jahren
Material: jede Menge Bunt- und Wachsmalstifte

Auf dem Tisch befinden sich zahlreiche Bunt- und Wachsmalstifte. Die Kinder setzen sich um den Tisch herum und teilen nacheinander ihr Alter mit. Eines der ältesten Kinder beginnt und sagt z. B.: *„Ich nehme zwei Buntstifte und zwei Wachsmalstifte vom Tisch weg. Wer weiß, wie viele Stifte das insgesamt sind?"* Während das Kind die Stifte hinter seinem Rücken hält, nimmt sich jedes Kind so schnell wie möglich dieselbe Anzahl an Stiften und versucht die Gesamtzahl ohne Abzählen zu erfassen.
Zur Kontrolle legt der Fragesteller seine Stifte wieder nebeneinander auf den Tisch und alle zählen langsam und laut gemeinsam. Eines der Kinder, die das Ergebnis vorher schon richtig mitteilen konnten, setzt das Spiel auf die gleiche Art fort.

Punkt für Punkt zur Sieben

Alter: ab 5 Jahren
Material: 1 Memorykarte, 1 weißer DIN-A3-Tonkarton, 1 schwarzer Filzstift

Vorbereitung
Die Spielleitung nimmt eine Memorykarte als Schablone, zeichnet den Umriss 24-mal auf den weißen Tonkarton und schneidet alle Karten aus. Die Kinder malen auf alle Karten ein bis sechs Punkte, sodass jede Punktzahl viermal vorhanden ist.

Spielablauf
Die Karten liegen verdeckt auf dem Tisch und die Kinder setzen sich darum herum. Ein Kind dreht zwei Karten um und zählt die Anzahl der Punkte zusammen. Ist das Ergebnis sieben, hat es die Spielrunde bereits gewonnen. Wenn nicht, dreht es die beiden Karten wieder um, sodass das nächste Kind sein Glück versuchen kann.
Für die folgende Spielrunde vereinbaren die Kinder eine andere Zahl zwischen zwei und zwölf.

Variante für ältere Kinder

Die Kinder spielen Klatsch-Memory: Sie drehen nacheinander zwei Karten um und lassen sie offen auf dem Tisch liegen. Sobald ein Kind zwei Karten entdeckt, die zusammen sieben ergeben, klatscht es mit beiden Händen auf die Karten und behält sie. Sind alle Karten umgedreht und können keine weiteren Karten, die insgesamt sieben ergeben, gefunden werden, ist das Spiel aus. Nun sehen die Kinder nach, wer die meisten Paare finden konnte und „Klatsch-Memory-KönigIn" geworden ist.

Was gibt zwei plus eins?

Alter: ab 5 Jahren
Material: DIN-A4-Papier, 1 schwarzer Filzstift pro Kind, „Das Eins-Plus-Eins-Lied" (➜ S. 107), jede Menge Kieselsteine

Die Kinder bilden Paare und holen sich jeweils ein Blatt Papier, auf das die Spielleitung eine Zahl zwischen eins und zehn schreibt. Jede Zahl sollte jedoch nicht öfter als viermal in der Gruppe vorkommen.

Die Kinder bilden einen Stuhlkreis und legen ihr Papier mit ihrer Zahl auf den Schoß. Zu Beginn singen alle miteinander das Lied. Danach geht die Spielleitung in die Mitte und spricht z. B. folgende Textzeile:
*„Einer mehr als zwei:
Zwei plus eins gleich drei."*
Die Kinder strecken dazu erst zwei und dann noch einen Finger aus, um so das Ergebnis herauszubekommen. Glaubt ein Kind die Zahl auf seinem Papier stehen zu haben, hebt es den Zettel gut sichtbar in die Luft. Wer die Aufgabe am schnellsten richtig meistert, erhält einen Kieselstein.
Die Spielleitung wiederholt das Spiel mit einer weiteren Textzeile. Erst wenn alle Kinder wenigstens einen Kieselstein ergattern konnten, singen sie zum Abschluss noch einmal das Lied!

Perlen in den Händen

Alter: ab 7 Jahren
Material: bis zu 5 Perlen pro Kind

Alle Kinder setzen sich um einen Tisch herum und erhalten jeweils bis zu fünf Perlen, die sie in ihrer geschlossenen Hand versteckt halten.
Ein Kind nennt den Namen eines anderen Kindes und öffnet gleichzeitig mit ihm seine Hand mit den Perlen. Es fragt dazu: *„Wie viele Perlen sind das insgesamt?"* Die Kinder versuchen so schnell wie möglich die Anzahl der Perlen in den Händen der beiden Kinder zu erfassen. Zur Kontrolle zählen alle gemeinsam die Perlen nacheinander durch. Anschließend wird das Spiel mit einem weiteren Kind aus der Gruppe wiederholt.

Ich und ihr gleich wir

Alter: ab 5 Jahren
Material: „Das Eins-Plus-Eins-Lied"
(➔ S. 107)

Die Kinder bilden einen Kreis. Ein Kind geht in die Mitte und hält sich die Augen zu, während alle anderen das Lied singen. Dabei tippt die Spielleitung einige Kinder an, die leise in die Kreismitte treten. Ist das Lied beendet, öffnet das Kind in der Mitte die Augen und versucht die Anzahl der Kinder, die jetzt neben ihm stehen, zu erfassen. Dazu stellt die Spielleitung die entsprechende Rechenaufgabe, indem sie zuerst auf das Kind und dann auf die anderen Kinder in der Mitte deutet und z. B. sagt: *„Eins plus vier gleich?"* Kann das Kind die Aufgabe nicht lösen, darf die Gruppe behilflich sein. Anschließend beginnt eine weitere Spielrunde mit einem neuen Kind in der Kreismitte.

Buntstift-Würfelei

Alter: ab 5 Jahren
Material: 10 Buntstifte pro Kind, 2 Würfel

Die Kinder sitzen um einen Tisch herum und erhalten jeweils zehn Buntstifte, die sie in die Mitte legen. Zudem erhalten sie zwei Würfel.
Ein Kind würfelt mit beiden Würfeln gleichzeitig. Es zählt die Augenzahlen zusammen und nimmt sich die entsprechende Anzahl an Buntstiften weg. Reihum würfeln die Kinder nacheinander so lange mit beiden Würfeln, bis eines von ihnen zehn Buntstifte vor sich liegen hat. Wer allerdings eine Elf oder Zwölf würfelt, setzt eine Runde aus. Würfelt ein Kind ab der zweiten Runde eine höhere Augenzahl, als es noch an Stiften benötigt, lässt es die überschüssigen Punkte verfallen.

Fünf Klatscher plus zwei Stampfer

Alter: ab 5 Jahren

Alle Kinder stehen im Kreis. Ein Kind stellt sich in die Mitte, hebt einen Arm gut sichtbar in die Luft und streckt z. B. fünf Finger aus. Daraufhin klatschen alle anderen Kinder fünfmal in die Hände. Das Kind hebt den anderen Arm und streckt z. B. zwei Finger aus. Entsprechend stampfen die Kinder im Kreis zweimal mit den Füßen auf den Boden. Wer weiß, wie oft insgesamt geklatscht und gestampft wurde? Die Kinder auf der Kreisbahn rufen ihr Ergebnis, das sie an den Fingern des Kindes in der Mitte gut abzählen können, laut in die Runde. Anschließend geht das Kind wieder auf seinen Ausgangsplatz zurück und schickt eines seiner beiden Nachbarkinder in die Kreismitte für eine neue Rechenaufgabe, z. B.:

- 1-mal mit den Fingern schnippen und 2-mal mit der Zunge schnalzen,
- 3-mal winken und 2-mal pfeifen,
- 2-mal auf die Oberschenkel patschen und 2-mal auf der Stelle hüpfen etc.

Ja, so rechnen wir!

Alter: ab 5 Jahren
Material: mehrere Gymnastikreifen, jede Menge Bauklötze, 1 Handtrommel

Die Kinder bilden Kleingruppen, die jeweils einen Gymnastikreifen erhalten. Die Kleingruppen legen ihren Reifen auf den Boden und alle Kinder stellen sich darum herum auf, während die Spielleitung jede Menge Bauklötze im Raum verteilt.

Jede Kleingruppe wählt ein Kind aus, das zum Rhythmus der Trommel durch den Raum geht. Stoppt das Trommelspiel, sagt die Spielleitung z. B.: *„Fünf plus eins gleich?“* Die Kinder aus den einzelnen Gruppen versuchen die Aufgabe zu lösen und möglichst rasch das Ergebnis mithilfe der Bauklötze, die sie im Raum finden und in ihren Reifen legen, mitzuteilen. Die übrigen Gruppenmitglieder kontrollieren das Ergebnis. Welches Kind hat am Ende sechs Bauklötze im Reifen liegen und damit die Runde gewonnen?
Anschließend legen alle Kinder die Bauklötze wieder zurück, sodass eine neue Spielrunde mit einem weiteren Kind aus jeder Gruppe stattfinden kann.

Versteck-Rechnen

Alter: ab 5 Jahren

Die Kinder stehen beisammen im Kreis. Die Spielleitung geht im Außenkreis herum und tippt fünf Kindern auf den Rücken, die sich nebeneinander in die Kreismitte stellen. Nach einer kurzen Weile schließen die Kinder auf der Kreisbahn ihre Augen. Die Spielleitung blinzelt z. B. vier Kinder in der Mitte an, die sich im Raum verstecken oder vor die Tür gehen.
Die anderen Kinder öffnen wieder ihre Augen: Wer findet die Anzahl der Kinder heraus, die sich versteckt haben? Reihum teilen sie ihr Ergebnis mit und rufen schließlich alle fehlenden Kinder herbei, die in die Kreismitte treten und eine Gruppe bilden, sodass die übrigen Kinder ihre Anzahl bestimmen können.

Detektive aufgepasst!

Alter: ab 6 Jahren
Material für 3–6 Kinder: 5 Glasperlen und 5 Edelsteine

Alle Kinder sitzen an einem Tisch und erhalten fünf Glasperlen und fünf Edelsteine, die sie auf der Tischplatte verteilen. Bis auf ein Kind, das den Dieb spielt, schließen alle Kinder ihre Augen.
Die Spielleitung flüstert dem „Dieb“ eine bestimmte Anzahl an Glasperlen und an Edelsteinen ins Ohr, die er wegnimmt und in der Hosentasche verschwinden lässt. Dann sagt er laut:
„Wie viele Perlen und Steine sind weg?
Suchen hat jedoch keinen Zweck!“
Die „Detektive“ öffnen ihre Augen und sehen auf dem Tisch nach. Der Reihe nach benennen die Kinder die Anzahl der fehlenden Perlen und die der Steine. Und wer von den Kindern weiß, wie viele Perlen und Steine insgesamt fehlen?
Zur Kontrolle holt der „Dieb“ die weggenommen Perlen und Steine wieder hervor, die die Kinder zählen. Danach benennt er ein anderes Kind, das den nächsten Dieb spielen darf.

Zehn Hampelmänner

Alter: ab 5 Jahren
Material für 13–15 Kinder:
3–5 Augenbinden

Zehn Kinder bilden einen großzügigen Kreis. Die übrigen Kinder stellen sich in die Mitte und lassen sich die Augen verbinden.
Die Spielleitung geht möglichst leise im Außenkreis herum und tippt ein paar Kindern auf den Rücken, bevor sie den Kindern in der Mitte die Augenbinden wieder abnimmt.
Währenddessen springen alle Kinder auf der Kreisbahn wie ein Hampelmann auf der Stelle. Hebt die Spielleitung einen Arm in die Luft, bleiben die Kinder, die angetippt wurden, reglos stehen. Daraufhin sagt die Spielleitung z. B.:
„Zehn Hampelmänner und vier bleiben stehen.
Wie viele kannst du noch springen sehen?“
Die Kinder in der Mitte versuchen die Anzahl der Kinder zu benennen, die jetzt noch auf und abspringen. Am Ende zählen die Kinder gemeinsam die aktiven Hampelmänner im Kreis.
Hinweis: Spielen mehr als 15 Kinder mit, bilden die Kinder zwei gleich große Gruppen und machen zwei Kreise mit jeweils mind. sieben Kindern, alle übrigen gehen in die Mitte.

Rechenkönig

Alter: ab 5 Jahren
Material: 1 Handtrommel, viele Kieselsteine

Die Kinder bilden Fünfergruppen und suchen sich einen Platz im Raum. Jede Gruppe fasst sich an den Händen und geht zum Rhythmus der Trommel im Kreis herum. Stoppt das Trommelspiel, sagt die Spielleitung z. B.: *„Fünf minus eins gleich?“* Jede Gruppe versucht die Rechenaufgabe möglichst schnell zu lösen, indem sich jeweils ein Kind aus der Gruppe rasch auf den Boden kniet. Wie viele Kinder stehen jetzt noch auf der Kreisbahn? Die Gruppe, die das Ergebnis als erste nennen kann, erhält einen Kieselstein, den sie in die Kreismitte legt. Danach beginnt eine neue Spielrunde mit einer anderen Rechenaufgabe. Nach ein paar Durchgängen zählen die einzelnen Gruppen ihre Kieselsteine. Diejenige Gruppe, die die meisten Steine ergattern konnte, ist Rechenkönig!

Wie viele Eicheln sind weg?

Es ist Winter und die Eichhörnchen halten Winterruhe. Irgendwann jedoch bekommen sie Hunger und machen sich auf die Suche nach ihren versteckten Eicheln. Wie viele Eicheln können sie finden? Und wie viele Eicheln bleiben liegen?

Alter: ab 5 Jahren
Material: 2 Augenbinden, 10 Eicheln, 1 Triangel

Die Spielleitung verbindet zwei Kindern die Augen: Sie spielen Eichhörnchen im Winterschlaf. Alle übrigen Kinder verstecken zehn Eicheln im Raum. Danach nimmt die Spielleitung den Kindern wieder die Augenbinden ab und bittet sie, sich auf die Suche nach ihren Eicheln zu machen. Erklingt jedoch die Triangel, ist die Suche beendet.
Alle Kinder bilden einen großen Kreis und die Eichhörnchen-Kinder legen ihre gefundenen Eicheln in die Mitte, um sie miteinander zu zählen. Je nachdem wie viele Eicheln gefunden wurden, sagt die Spielleitung z. B.: *„Zehn minus sechs gleich?“* Alle Kinder strecken zehn Finger aus und versuchen die Aufgabe zu lösen, indem sie sechs Finger wieder zur Faust zurückführen. Danach machen sich alle Kinder auf die Suche nach den restlichen Eicheln. Konnten sie die vier fehlenden Eicheln finden, ist das Spiel aus!

Zehn Kinder müssen nach Hause

Nr. 13

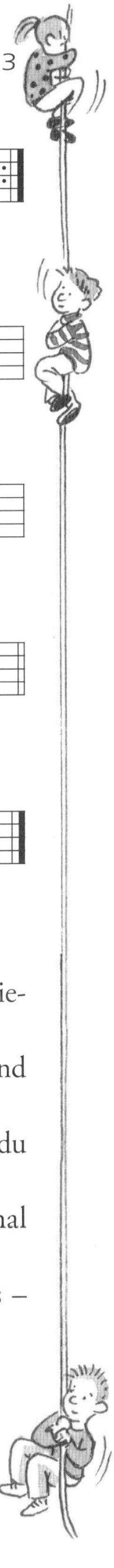

1. Zehn Kinder, zehn Kinder sind an diesem Ort,
Zehn Kinder, die müssen nach Hause und fort.
Wir zählen bis zehn, und dann wirst du schon sehn!
Wer dran ist, darf vor seinem Stuhl erstmal stehn:
Eins – zwei – drei – vier – fünf – sechs – sieben – acht – neun – zehn.
Zehn minus eins, was sagst du da?
Bleiben neun, na sonnenklar!

2. Neun Kinder, neun Kinder sind an diesem Ort,
Neun Kinder, die müssen nach Hause und fort.
Wir zählen bis neun, und dann wirst du schon sehn!
Wer dran ist, darf vor seinem Stuhl erstmal stehn:
Eins – zwei – drei – vier – fünf – sechs – sieben – acht – neun.
Neun minus eins, was sagst du da?
Bleiben acht, na sonnenklar!

3. Acht Kinder, acht Kinder …

10. Ein Kind noch, ein Kind noch ist an diesem Ort,
Ein Kind noch, auch das muss nach Hause und fort.
Wir zählen bis eins, und dann wirst du schon sehn!
Wer dran ist, darf vor seinem Stuhl erstmal stehn:
Eins
Eins minus eins, was sagst du da?
Bleiben null, na sonnenklar!

Abschlussvers bei zehn oder weniger Kindern:
Jetzt, wo alle endlich stehn, sagen wir: Auf Wiedersehn!

Letzte Strophe bei mehr als zehn Kindern:
11. Es sind ja noch Kinder hier an diesem Ort.
Doch alle, die müssen nach Hause und fort.
Wir zählen nicht mehr, und dann wirst du schon sehn!
Ein jeder darf vor seinem Stuhl erstmal stehn.
Jetzt, wo alle endlich stehn, sagen wir: Auf Wiederseh'n!

Die Kinder sitzen im Stuhlkreis. Bei jeder Strophe wird ein Kind von der Spielleitung, die in der Kreismitte steht, ausgezählt, das sich vor seinem Stuhl aufstellt. Zum Schluss stehen alle Kinder auf und winken sich zum Abschluss gegenseitig zu.
Wenn die Gruppe nicht zu groß ist, kann die Spielleitung gemeinsam mit den Kindern vorher alle durchzählen. Sind es z. B. zwölf Kinder, beginnen sie das Lied mit *„Zwölf Kinder, zwölf Kinder sind an diesem Ort …"* und zählen dann runter.

Minus ein Finger

Zehn Finger sind hier zu sehen.
Ein Finger möchte jetzt gehen.
Zehn Finger minus ein Finger gleich neun Finger!
Neun Finger sind hier zu sehen.
Ein Finger möchte jetzt gehen.
Neun Finger minus ein Finger gleich acht Finger!
Acht Finger sind hier zu sehen!
Ein Finger möchte jetzt gehen!
Acht Finger minus ein Finger gleich sieben Finger!
...
Ein Finger ist hier zu sehen.
Er winkt und sagt: „Auf Wiedersehen!"

Die Kinder strecken alle zehn Finger gleichzeitig aus und machen zwei Fäuste. Sie strecken den rechten Daumen aus und führen ihn wieder zur Faust. Danach strecken sie alle Finger gleichzeitig aus und führen den rechten Daumen zur Hand zurück, sodass neun Finger zu sehen sind.
Auf diese Weise wird das Fingerspiel so lange weitergeführt, bis nur noch der kleine Finger der linken Hand übrig ist, mit dem sie sich gegenseitig zuwinken. Am Ende lassen sie die linke Hand blitzschnell hinter ihrem Rücken verschwinden.

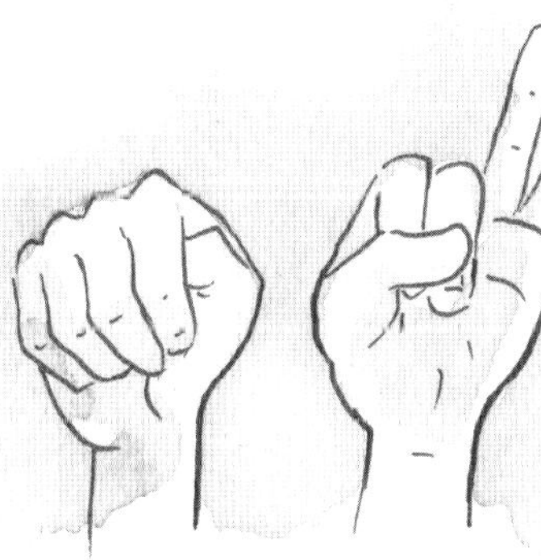

Auf Wiedersehen!

Alter: ab 5 Jahren
Material: 1 Handtrommel; evtl. Seile oder Kreide

Sechs bis zehn Kinder gehen zum Rhythmus der Trommel durch den Raum. Stoppt das Trommelspiel, nennt die Spielleitung den Namen eines Kindes und zeigt mit den Fingern gut sichtbar eine Zahl weniger an, als Kinder im Raum sind, bei zehn Kindern also neun Finger. Während nun alle Kinder einen Kreis bilden, bleibt das angesprochene Kind stehen und sagt: *„Zehn minus eins gleich neun!"* Es winkt den anderen Kindern zum Abschied zu und verlässt das Spielfeld, um seine Jacke zu holen.
Die Spielleitung setzt das Trommelspiel fort, zu dessen Rhythmus die übrigen Kinder wieder durch den Raum gehen. Auf diese Art wird das Spiel immer weitergeführt, bis nur noch ein Kind übrig ist und der Spielleitung zuwinkt.
Konnten alle Kinder ihre Jacken anziehen, bilden sie rasch einen Abschlusskreis und sagen je nach Anzahl der Kinder z. B.:
„Zehn Kinder stehen beisammen im Kreis!
Zehn minus zehn gleich null – wie jeder weiß!"
Die Kinder winken, drehen sich um und gehen.
Hinweis: Spielen mehr als zehn Kinder mit, werden zwei gleich große Gruppen gebildet, die jeweils ein überschaubares Spielfeld erhalten, das die Spielleitung mit Seilen oder Kreide markiert.

Schnell in einen Reifen!

Alter: ab 5 Jahren
Material: 9 Gymnastikreifen, 1 Rassel pro Kind, „Zehn Kinder müssen nach Hause" (◎ Nr. 13)

Die Kinder holen sich neun Gymnastikreifen, die sie der Reihe nach auf den Boden legen. Während sich zehn Kinder vor einer Wand nebeneinanderstellen, holen sich die übrigen Kinder jeweils eine Rassel und begleiten das Lied von der CD rhythmisch. Nach der ersten Strophe stoppt die Spielleitung das Lied. Daraufhin versuchen die zehn Kinder so schnell wie möglich in einen Reifen zu springen. Wer keinen freien Reifen findet, sagt: *„Zehn minus eins gleich neun."*
Anschließend gehen die neun Kinder wieder auf ihren Ausgangsplatz zurück. Das zehnte Kind legt einen Reifen zur Seite und holt sich eine Rassel, mit der es ebenfalls das erneut eingeschaltete Lied rhythmisch begleitet. Auf diese Weise wird das Spiel Strophe für Strophe weitergeführt, bis nur noch ein Kind übrig ist.

Abzählen und gehen

Alter: ab 4 Jahren

Alle Kinder stehen im Kreis. Die Spielleitung geht in die Kreismitte und spricht folgenden Abzählvers:
„Ein, zwei, drei, vier, fünf, sechs, sieben, acht, neun, zehn,
der Lars darf jetzt zum Anziehen gehen!"
Dabei deutet sie bei jeder Zahl auf ein Kind auf der Kreisbahn. Das „Zehner-Kind" *(Lars)* wiederholt den Abzählvers, bevor es zur Garderobe geht, um seine Jacke anzuziehen. Sind nur noch zwei Kinder übrig, geben sie sich zum Abschied gegenseitig die Hände und gehen ebenfalls zur Garderobe.

Muh und Tschüss!

Alter: ab 4 Jahren

Vorbereitung
Die Spielleitung kopiert die Bauernhoftiere von S. 15 so oft, dass pro Kind eine Tierabbildung zur Verfügung steht, und schneidet die einzelnen Tiere aus.

Spielablauf
Die Kinder bilden Kleingruppen und jedes Kind erhält eine Tierabbildung. Die Kleingruppen kommen um einen eigenen Tisch zusammen und legen ihre Bilder verdeckt durcheinander darauf ab.
Ein Kind deckt ein Bild auf. Sollte es sich hierbei um das eigene Bild handeln, verdeckt es das Bild wieder und dreht ein weiteres um, auf dem z. B. eine Kuh zu sehen ist. Das Kind, dem das Bild gehört, sagt: *„Eine Kuh geht auf die Weide und macht muh, muh, um Tschüss zu den anderen Tieren zu sagen!"*
Danach verabschiedet sich das Kind von den übrigen Kindern mit einem Händedruck und einem lauten *„Muh!"*
Das Ausgangskind fragt: *„Wie viele Tiere sind noch auf dem Hof?"* Das Kind antwortet, indem es die verdeckten Bilder zählt. Es behält sein Bild und dreht ein neues um. Auf diese Weise wird das Spiel weitergeführt, bis alle Bilder umgedreht sind und das letzte Kind sich verabschieden konnte.

Wie viele Taschen sind noch da?

Alter: ab 4 Jahren
Material: 10 Kindergarten- oder Schultaschen

Die Kinder sitzen im Kreis und die Spielleitung holt zehn Kindergartentaschen, die sie in die Mitte legt. Sie hält irgendeine Tasche gut sichtbar in die Luft und die Kinder sagen dazu:
„Zehn minus eins, was sagst du da?
Bleiben neun, na sonnenklar!"
Das Kind, dem die Tasche gehört, tritt nun in die Kreismitte und holt sich seine Tasche. Die Spielleitung hebt eine weitere Tasche hoch und die Kinder sagen:
„Neun minus eins, was sagst du da?
Bleiben acht, na sonnenklar!" usw.
Erst wenn alle Taschen verteilt sind, ist das Spiel beendet. Sind mehr als zehn Kinder in der Gruppe, beginnt eine neue Spielrunde. Am Ende winken sich alle Kinder gegenseitig zu und sagen:
„Nun sind alle bereit zu gehn,
Drum sagen wir: Auf Wiedersehen!"

Tierisch gute Schlussrunde

Alter: ab 5 Jahren
Material: 1 Handtrommel

Die Spielleitung zählt alle Kinder einmal durch. Mit der Trommel gibt sie einen Rhythmus vor, zu dem alle Kinder z. B. wie Vögel durch den Raum „fliegen". Stoppt das Trommelspiel, ruft die Spielleitung ein Kind auf, das sich hinter sie stellt. Je nachdem wie viele Kinder sie am Anfang gezählt hat, sagt sie z. B.: *„Zwölf Vögel minus ein Vogel gleich?"*
Die Kinder rufen ihre Vermutungen laut in die Runde. Die Spielleitung teilt das richtige Ergebnis mit: *„Zwölf Vögel minus ein Vogel gleich elf Vögel!"*
In der nächsten Runde laufen die Kinder z. B. wie Hunde auf allen Vieren zum Trommelrhythmus durch den Raum. Dabei geht das Vogel-Kind hinter der Spielleitung her. Auch alle weiteren Kinder, die den nächsten Runden nach und nach aufgerufen werden, folgen der Spielleitung wie bei einer Polonaise. Stehen alle Kinder als ein Tier hinter der Spielleitung, bilden sie einen Abschlusskreis und sprechen gemeinsam:
„Jetzt, wo alle Tiere so schön beisammenstehen, wollen wir mit vielen Tiergeräuschen auseinandergehen!"
Daraufhin dürfen alle Kinder sich gegenseitig zuwinken und je nach ihrer Tierart laut pfeifen, bellen, miauen, quaken …

Anhang

Register

Literatur & Spiele

Fachliteratur

Dreyer, Petra / Schillert, Ruth: König Plus und Rabe Minus. Zahlen, Formen, Mengen – Kinder erwerben spielerisch mathematische Vorläuferfertigkeiten in Kindergarten und Schuleingangsbereich. Ökotopia, Münster 2007.

Friedrich, Gerhard / De Galgózy, Viola: Komm mit ins Zahlenland. Eine spielerische Entdeckungsreise in die Welt der Mathematik. Christophorus, Freiburg im Breisgau 2004.

Grüßing, Meike / Peter-Koop, Andrea (Hrsg.): Die Entwicklung mathematischen Denkens in Kindergarten und Grundschule. Beobachten – Fördern – Dokumentieren. Mildenberger, Offenburg 2006.

Hille, Astrid / Schäfer, Dina: Wie läuft die Zeit? Jahr und Monat, Tag und Stunde. Spielen & Lernen. Oz Verlag, Rheinfelden 2003.

Dies.: Wie viel ist viel? Zählen, wiegen, messen. Spielen & Lernen. Oz Verlag, Rheinfelden 2004
Hoenisch, Nancy / Niggemeyer, Elisabeth: Mathe-Kings. Junge Kinder fassen Mathematik an. Verlag das netz. Weimar, Berlin 2004.
Neumann-Kipper, Petra: 3, 2, 1 – viele, wenig, keins. Zahlen und Mengen entdecken. Herder, Freiburg im Breisgau 2008.
Royar, Thomas: Was tun? Sicher in die Welt der Zahlen. Mathematische Frühförderung für Kinder ab 4 Jahren. AOL-Verlag, Buxtehude 2006.
Schiller, Pam / Peterson, Lynne: Kinder erforschen die Mathematik. Die ersten Schritte ins Land der Mengen und Zahlen. AOL-Verlag, Buxtehude 2006.
Suhr, Antje: Zahlen hüpfen – Buchstaben springen. Bewegungsspiele zur ganzheitlichen Schulvorbereitung. Don Bosco, München 2006.
Taylor, Rebecca: Kita-Praxis: Bildung, Mathematik: zählen, ordnen, messen. 3–6 Jahre. Cornelsen Scriptor, Berlin 2006.
Umland, Beate / Ott, Susanne: Ganzheitliche mathematische Frühförderung für Vorschulkinder. Ausgearbeitete Praxiseinheiten zur Vorbereitung auf das Schulfach Mathematik. Auer, Donauwörth 2006.

Buchtipps für Kinder

Flad, Antje: Wissen für kleine Entdecker – Zahlen, Farben, Formen. Loewe, Bindlach 2004.
Dies.: Kennst du die Zahlen, Billi Hase? Arena, Würzburg 2006.
Gellersen, Ruth: Lern die Uhr, kleiner Eisbär. Xenos, Hamburg 2005.
Houblon, Marie: Das Zahlen-Bilder-Buch. Patmos, Düsseldorf 2005.
Knollmann, Jutta: Sesamstraße. Wir lernen die Uhr. Xenos, Hamburg 2004.
Peters, Anne / Suetens, Clara: Zwölf Monate hat das Jahr. Arena, Würzburg 2001.
Rettich, Rolf / Rettich, Margret: Mein erstes großes Bilderbuch von den Zahlen. Gondrom, Bindlach 2005.
Schultheis, Ulrike / Probst, Petra: Wie lange ist ein Jahr? Thienemann, Stuttgart 2001.
Weinhold, Angela: Unser Geld. Wieso? Weshalb? Warum? Ravensburger, Ravensburg 2001.
Dies.: Wir entdecken Zahlen. Wieso, Weshalb, Warum? Ravensburger, Ravensburg 2007.
Weller, Ursula / Cuno, Sabine: Mein erstes Uhrenbuch. Ravensburger, Ravensburg 2005.
Zeuch, Christa / Kraushaar, Sabine: Schau, was Max alles zaubern kann! Lustige Lernreime mit Zahlen, Farben, Formen und Buchstaben. Mit Zauberstab und 67 Klappen. Arena, Würzburg 2006.
Zoran, Milich: Ringsherum sind Zahlen! Sauerländer, Oberentfelden 2008.

Gesellschaftsspiele

Colorama. Kennst du die Farben und Formen? Ravensburger, ab 3 Jahren
Dreieck, Kreis, Quadrat … kennst du die Formen? Kosmos Kosmolino, ab 4 Jahren
1, 2, 3 … wie lerne ich die Zahlen? Die Zahlen von 1 bis 10 spielerisch begreifen. Kosmos Kosmolino, ab 4 Jahren
Halli Galli Junior. Auf die Glocke – fertig los! Amigo, ab 4 Jahren
Monopoly Junior. Parker, ab 5 Jahren
Rechen-Kapitän. Schiff ahoi mit den Zahlen von 1–20. Ravensburger, ab 6 Jahren
Rechenkönig. Haba, ab 5 Jahren
Rund um den Kalender. Eine Reise durch Monate und Jahreszeiten. Ravensburger, ab 4 Jahren
Verhexte Zahlen-Treppe. Für die Vorschule. Erstes Zählen. Kosmos, ab 5 Jahren
Wer kennt die Uhr? Mit Stunden und Minuten spielend durch den Tag. Ravensburger, ab 6 Jahren
Zahlenraten. Tipp für Tipp, die Spur ist heiß – wer es wohl als Erster weiß? Amigo, ab 6 Jahren
Zahlen-Zauber. Schatzsuche mit den Zahlen von 1–10. Ravensburger, ab 4 Jahren

Die Autorin

Andrea Erkert ist Erzieherin, Entspannungspädagogin und Fachlehrerin einer Grundschulförderklasse in der Nähe von Stuttgart. Seit mehreren Jahren bietet sie praxisnahe Fortbildungen für ErzieherInnen und LehrerInnen u. a. zu den Themen Mathe im Kindergarten und Anfangsunterricht, Sprachförderung, Entspannung und Bewegung direkt vor Ort an, sodass die TeilnehmerInnen das gewählte Thema unmittelbar in ihrer Einrichtung erleben können. Zudem steht sie als Referentin für Elternabende zur Verfügung.

Im Ökotopia Verlag sind bereits zahlreiche Veröffentlichungen von ihr erschienen, z. B. „Das Stuhlkreisspiele-Buch". Gemeinsam von Andrea Erkert und Stephen Janetzko ist bisher erschienen das Medienpaket „Zünd die erste Kerze an. Lieder und Spielideen für den Advent". (Buch inkl. CD). Don Bosco Medien, München 2006.

Anfragen für ganz- oder halbtägige Seminarveranstaltungen und Elternabende:
Andrea Erkert
Seelacher Weg 79
71522 Backnang
Tel.: 0 71 91 / 90 83 57 oder 01 62 / 7 34 37 92
Fax: 0 71 91 / 90 83 59
andrea.erkert_florida-sun@t-online.de

Die Illustratorin

Kasia Sander, geb. 1964 in Gdnya (Polen). Studium an der Kunstakademie in Danzig. 1986 Übersiedlung nach Recklinghausen, Studium und Diplom an der Fachhochschule für Design in Münster. Seit dem Abschluss arbeitet sie als freie Illustratorin für Buchverlage und als Karikaturistin für die Recklinghauser Zeitung. Teilnahme an mehreren Einzel- und Gruppenausstellungen.

Der Liedermacher

Stephen Janetzko, fünf Kinder, Studium der Germanistik sowie der Publizistik und Kommunikationswissenschaft, ist seit 1993 als Kinderliedermacher freiberuflich tätig. Er lebt mit seiner Familie in Erlangen. Der Kinderliedermacher bietet bundesweit Konzerte für Kinder an und gibt Seminare für ErzieherInnen, LehrerInnen und alle anderen Musikinteressierten.

Kontaktadresse:
www.kinderlieder-und-mehr.de
Online-Shop unter
www.kinderlieder-shop.de
Auf der Homepage des Kinderliedermachers finden sich Hörproben, Texte und viele Noten einzelner Lieder und CDs!

CD ... und dazu der Tonträger von Stephen Janetzko

Zahlenspiel-Lieder

Schwungvolle Zähl- und Rechenlieder zur mathematischen Frühförderung für Kinder von 4–8 Jahren

Diese Zahlenspiele-CD bietet 13 tolle und universell einsetzbare neue Lieder rund um Zahlen und Mengen, geometrische Grundformen, Messen und Wiegen, Uhr- und Jahreszeiten, Geld sowie erstes Addieren und Subtrahieren für Kiga und Grundschule – wunderschön produziert im Studio von TATO GOMEZ, einem der erfolgreichsten Musikproduzenten Deutschlands. Eine fröhliche, musikalische Lernhilfe für Kinder von 4 bis 8 Jahren: für Zahlenprojekte im Kindergarten, als musikalische Lernhilfe in Grund- und Sonderschulen, bei der Ergotherapie, als Hausaufgabenhilfe und bei Dyskalkulie (Rechenschwäche).

ISBN 978-3-86702-055-8

Kinder begeistern ...

mit Liedern, Tänzen und Geschichten aus dem Ökotopia Verlag

Michi Vogdt
Helau, Alaaf und gute Stimmung
Närrische Tanz- und Feierlieder zum Mitsingen und Austoben für kleine und große Jecken
Eine lustige Zusammenstellung für Karnevalspartys aller Art. Vom Mitmach-Marsch über Samba bis zum Alpen-Rap sind diese närrischen Songs eine echte Fundgrube.
ISBN (CD): 978-3-936286-32-8 · ISBN (Buch): 978-3-936286-31-1

Rolf Zuckowski
Feste feiern rund um die Jahresuhr
16 Gute Laune Lieder für alle Jahreszeiten
Eine bunte Zusammenstellung der beliebtesten Hits von Rolf Zuckowski zum Mitsingen und Mitmachen
ISBN (CD): 978-3-936286-69-4 · ISBN (Buch): 978-3-936286-68-7

Hartmut E. Höfele
Lichterfeste
Stimmungsvolle Lieder und Geschichten zum Mitsingen, Zuhören, Tanzen und Feiern in der Lichterzeit
Eine Mischung aus traditionellen Laternenlauf-Liedern und neuen Kompositionen und Geschichten rund um das Licht.
ISBN (CD): 978-3-936286-67-0 · ISBN (Buch): 978-3-936286-66-3

Hartmut E. Höfele
Feuerwerk und Funkentanz
Stimmungsvolle Lieder, Tänze und Geschichten rund ums Thema Feuer
Die Titel animieren zum Mitsingen und sorgen beim gemeinschaftlichen Lagerfeuer für Stimmung.
ISBN (CD): 978-3-931902-86-5 · ISBN (Buch): 978-3-931902-85-8

Kinder kommen in Stimmung
Die schönsten Lieder zum Feiern, Bewegen und Ausgelassensein
Eine beschwingte Sammlung der besten Ökotopia-Partyknüller. Für jeden Anlass ist etwas dabei!
ISBN (CD): 978-3-86702-024-4

ImmerWieder MitsingLieder
Die Gewinner aus dem zweiten WDR 5 – KinderLiederWelt-Wettbewerb
Die musikalische Bandbreite der Gewinnertitel reicht von Swing, Rock, Reggae, Klängen des Mittelalters, über Welt- und Popmusik bis zum Disco-Schlager.
ISBN (CD): 978-3-86702-051-0

Der Fachverlag für gruppen- und spielpädagogische Materialien

Kooperative Spiele, Spiele in Gruppen, Lernspiele, Bewegungsspiele, Brettspiele

Ökotopia Verlag und Versand

Fordern Sie unser kostenloses Programm an:

Ökotopia Verlag
Hafenweg 26a · D-48155 Münster
Tel.: (02 51) 48 19 80 · Fax: 4 81 98 29
E-Mail: info@oekotopia-verlag.de

Besuchen Sie unsere Homepage! Genießen Sie dort unsere Hörproben!

http://www.oekotopia-verlag.de und www.weltmusik-fuer-kinder.de

Heike und Werner Tenta

Das große ABC-Buch

Malen, Spielen, Basteln, Reimen rund um das Alphabet

ISBN: 978-3-86702-043-5

Susanne Steffe, Sybille Ruisinger

Das MitLachBuch

Spiele, Lieder & Geschichten zum Lachen und Quatsch machen

ISBN (Buch): 978-3-86702-044-2
ISBN (CD): 978-3-86702-045-9

Olaf Möller

Große Handpuppen ins Spiel bringen

Technik, Tipps und Tricks für den kreativen Einsatz in Kindergarten, Schule, Familie und Therapie

ISBN 978-3-86702-017-6

SPIEL & RAT

Almuth Bartl, Cornelia Nitsch

Daddy Cool

100 Ideen und jede Menge Tipps für fitte Väter

ISBN 978-3-86702-020-6

SPIEL & RAT

Almuth Bartl

Oscars für Kids

Die 100 tollsten Belohnungen und warum Lob glücklich macht

ISBN 978-3-86702-021-3

SPIEL & RAT

Almuth Bartl

Babys SpieleSpaß

111 Ideen, nützliche Tipps und Anregungen für die Kleinsten

ISBN 978-3-86702-019-0

Ulrich Baer

entdecken – gestalten – verstehen

Kreative Bausteine für die kulturelle Bildung in Kita, Hort und Grundschule

ISBN: 978-3-86702-008-4

Elke Thierling-Hellweg

Fähigkeiten wahrnehmen – Stärken stärken

Ein Hand(lungs)buch zur Erstellung von Bildungsdokumentationen im Kindergarten

ISBN: 978-3-86702-016-9

SPIEL & RAT

Almuth Bartl

Gute Gutenacht

101 Einschlafhilfen und Abendspiele für Kinder

ISBN: 978-3-86702-050-3

Sybille Günther

Hoppla! Hip-Hop 4 kids

Mit Singen, Malen, Tanzen und Reimen Kinder von Kopf bis Fuß in Bewegung bringen

ISBN (Buch): 978-3-86702-013-8
ISBN (CD): 978-3-86702-014-5

Christel Langlotz/ Bela Bingel

Kinder lieben Rituale

Kinder im Alltag mit Ritualen unterstützen und begleiten

ISBN: 978-3-86702-042-8

Petra Dreyer, Ruth Schillert

König Plus und Rabe Minus

Zahlen, Formen, Mengen – Kinder erwerben spielerisch mathematische Vorläuferfertigkeiten in Kindergarten und Schuleingangsbereich

ISBN: 978-3-86702-011-4